Tack till bokförlaget Rediviva som tillåtit denna omarbetning av språket i Samuel Linnaeus revolutionerande bok om biodling med hjälp av deras faksimil från 1975.

Kort

men

tillförlitelig

Bij-Skjötsel

utgiwen

af

Samuel Linnaeus

Pastor i Stenbrohult

1768

Wexjö

FSC
www.fsc.org
MIX
Papper från ansvarsfulla källor
Paper from responsible sources
FSC® C105338

Omarbetning: Stefan Breitholtz 2018

Förlag: BoD — Books on Demand, Stockholm, Sverige
Tryck: BoD — Books on Demand, Norderstedt, Tyskland

ISBN: 978-91- 77856542

Förord

1700-talet har på grund av en strävan att göra Sverige självförsörjande och i största möjliga grad oberoende av tillförsel av varor utifrån, av historieskrivarna betecknats som nyttans århundrande eftersom den från och med frihetstiden satte sin prägel på de flesta områden av samhällslivet.. Man försökte på alla sätt främja näringarna och förtröttades inte att utforska, beskriva och för allmänheten bekantgöra allehanda nyttiga kunskaper. Resultaten av in och utländska forskningar på skilda fält blev lättare tillgängliga än förut. Det blev en fosterländsk gärning att hjälpa till i detta upplysningsarbete.

Det växande intresset för näringarnas förkovran märktes inte minst på biodlingens område. Under decennierna kring seklets mitt utkom sålunda en rad böcker med råd och anvisningar för binas skötsel enligt nya metoder. De grundades i stor utsträckning på ökade — låt vara helt naturligt ännu ofullständiga — kunskaper om binas biologi och anatomi, som förmedlades av bl.a. San Swammerdan i Holland, René de Réaumur i Frankrike och Francois Huber i Schweiz, och på de uppslag om bibostädernas konstruktion, som introducerades av

John Gedde och Joseph Warder i England. De viktigaste av dessa nya böcker var Mårten Triewalds "Nödig Traktat om Bij" (1728), Erich Lundgrens "Kort Underrättelse om Bijskötsel" (1731) och Nils Kochs "Swenska Biskjötseln" (1753)

Även om dessa böcker tack vare de nya idéer, som framfördes i dem, fick en viss betydelse för den svenska biodlingens utveckling, kan de i fråga om banbrytande åsikter och metoder inte jämföras med den berömda "Kort men tillförlitelig Bij-skötsel", som Samuel Linnaeus gav ut 1768. Den blev snart en verklig katekes för svenska biodlare och fick ett genomgripande inflytande på svensk biskötsel. Den var en frukt av rik erfarenhet, ovanlig iakttagelseförmåga och vaket utnyttjande av de ovan nämnda från utlandet kommande impulserna. Linnaeus står som uppfinnare av krantskupan av halm, som snart trängde undan den tidigare använda bistocken.

Många av Linnaeus skötselråd och upplysningar om binas kroppsbyggnad och livsförrättningar är visserligen numer efter mer än 200 år, föråldrade eller felaktiga, men en förvånansvärt stor del av innehållet i hans bok är fullt giltig också i våra dagars biodling. Hans arbete har ett stort bildningsvärde för de många biodlare i vårt land, som inte enbart inriktar sig på den praktiska utövningen av sitt kunnande utan med den förenar ett levande biologiskt och historiskt intresse för bina och deras utnyttjande. Också åt den, som inte är biodlare men har intresse för naturen i allmänhet, kan Linnaeus bok skänka stort nöje.

Det är synnerligen tacknämligt, att Bokförlaget Rediviva velat ta på sig uppgiften att i tidstypiskt skick återge denna för svensk biodling utomordentligt betydelsefulla bok. Det är min fasta övertygelse, att föreliggande faksimilupplaga kommer att röna den uppskattning, som den väl förtjänar.

Lund i maj 1975 Åke Hansson

Biografiska uppgifter:

Samuel Linnaeus levde under åren 1718-1797. Han var son till Chistina Brodersonia och kyrkoherden i Stenbrohult Nils Linnaeus, vars efterträdare han blev, och yngre broder till den namnkunnige Carl von Linné.

Kort
men
tillförlitelig
Bij-Skjötsel

På
Egen förfarenhet och anställde försök.
Grundad och inrättad.
Samt
Till Allmänhetens tjänst och nytta, på mångas
åstundan och anmodan
utgiwen
af
Samuel Linnaeus
Pastor i Stenbrohult

1768
Tryckt hos Kongl. privilegierade och Gymnsii
boktryckaren Anders Wrigseen

Adolph Friedrich med Guds nåde Sweriges, Gjöthes och Wendes konung, arfvinge till Norrige, samt Hertig till Schleswig Hollstein, gör veterligt det Kyrkoherden Samuel Linnaeus hos Oss i underdånighet har anhållit om: uppå en Traktat från Wårt Nådiga Privilegium uti tjugo års tid, som han låta genom trycket utgiva under namn av Tillförlitelig Bij-skjötsel; och emedan Wi i nåder förmoda att utgivandet av denna Traktat uti berörde nyttiga ämne av den allmänna hushållningen, låter lända till mycken tjänst och upplysning för allmänheten, vill Wi härmed och i kraft av detta Wårt öppna brev ha förunnat och tillagt Kyrkoheren Samuel Linnaeus Wårt nådige privilegium på ovannämnda Traktat, så att ingen annan på tjugo års tid må eftertrycka eller ut ifrån eftertryckt införa, böta Ett Tusende Daler Silvermynts i vite och exemplarens konfiskation. Det som alla som detta gäller har att rätta sig efter.
Till yttermera wisso ha Wi detta med Egen Hand underskrivit, och med Wårt Kongl. Sigill låtit bekräfta.
Stockholm i Rådkammaren den 28 Martii 1768

Adolph Friedrich

(L.S)

P.G. Ehrencrona

AD
PLURIMUM REVERENDUM
ATQUE
PRAECLARISSIMUM DOMINUM
MAG. SAM:LINNAEUM
PASTOREM STENBROHULTENSIUM
VIGILANTISSIMUM,
EREGIUM DE APIARIA OPUSCULUM
PROPEDIEM EDITURUM
PERANICUM EPIGRAMMA
NICOLAI ALIN, Sen.
Theol. Doct & Prof.

Seite lusit apes AEneidos auctor,

Qvo, qvia civis erat, Mantua clara tumet.

Judicio Veterum sit princeps ille Poeta;

Non tamen is gracili praeficiatur api.

Artem Linnaeus voluit Deus esse reflictam, Cur? Qvia mellifer est, melleqve cunta replet.

Est Mystes Domini, fat mellus atqve disertus,

Melleqve Cecrepio nos simul ille beat.

Difcere gestis apes, in florea rura volantes,

Linnaeus melius nomme qvis hocoe docet?

Scire cupis porro, generent qvi gentis alumnos,

Qvi pellant faetus,ordine feqve regant;

Qvi faciant cellas, qvi stipent roscida mella;

Qviqve necent fucum, qvi folet esse vorax;

Qvi facienda domus, vigili qvae commoda genti,

Ne noceat frigus, ne perimatqve latex;

Qvi pellas hostes, apium mellisqve rapaces;

Linnaeus noster singula rite monet,

Qvare Linnaeus cuncti gratemur ovantes;

Nam viget aetatem gloria magna viri;

Sicut enim Carelus naturum discuit omnem;

Sic referat Samuel mellificumqve gregem.

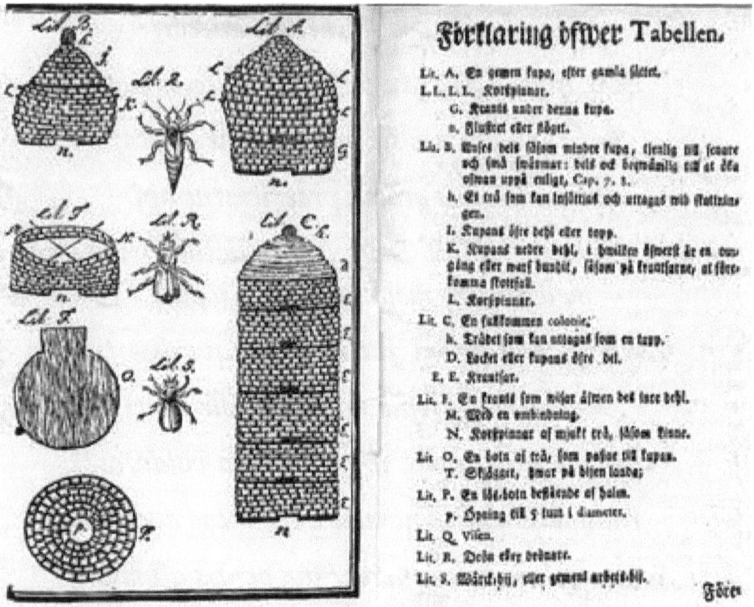

Förklaring öfwer Tabellen.

Lit. A. En gemen kupa, efter gamla sättet.
L.L., L.L. Korgpinnar.
G. Kanten under denna kupa.
n. Flustret eller flöget.

Lit. B. Annes dels såsom mindre kupa, tjenlig till sena och små swärmar: dels ock begwämlig till at öka ofwan uppå enligt, Cap. 7. §.
h. Et trä som kan insättias och uttagas wid flyttningen.
i. Kupans öfre dehl eller topp.
K. Kupans nedre dehl, i hwilken öfwerst är en omgång eller warf bundit, såsom på kransarne, at förekomma kakfall.
L. Korgpinnar.

Lit. C. En fullkommen colonie.
h. Trädet som kan uttagas som en topp.
D. Locket eller kupans öfre del.
E. E. Kransar.

Lit. F. En krans som wisar åfwen des inre dehl.
M. Med en ombindning.
N. Korgpinnar af mjukt trä, såsom linne.

Lit O. En botn af trä, som passar till kupan.
T. Skägget, hwar på bijen landa;

Lit. P. En läg-botn bestående af halm.
p. Öpning til 5 tum i diameter.

Lit. Q. Wisen.

Lit. R. Drön eller drönare.

Lit. S. Wärck-bij, eller gemenl arbets-bij.

Fören

Förklaring till bilden:
Till vänster

Lit. B Mindre kupa, tjänlig till sena och små svärmar och möjlig att utöka ovanpå.
- h. En träkloss som kan insättas och uttagas wid flyttningen.
- j. Kupans övre del eller topp.
- k. Kupans nedre del i vilken överst är en omgång eller ett varv halm bundit precis som på kransarna för att förekomma kakfall.
- l. Korgpinnar.
- n. Fluster eller flöget

Lit. T. En Krans som visar även dess inre del.
- m. Med en ombindning.
- k. Korgpinnar af mjukt trä, såsom lind.

Lit. S. En botten av trä som passar till kupan.
- t. Skägget varpå biet landa.

Lit. P. En lös botten bestående av halm.
p. Öppning till 5 tum i diameter.

Till höger
Lit. K. En vanlig kupa på vanligt sätt.
l. Korgpinnar.
g. Krants under denna kupa.
n. Flustret eller flöget.

Lit. C. En fullkommen Kupa.
h. Träkloss som kan uttagas som en tapp.
D. Locket eller kupans övre del.
E. 6 kranstar
n. Fluster eller flöget.

I mitten
Lit. Q. Visen.
Lit. R. Drön eller drönare.
Lit. S. Värkbi eller gement arbetsbi.

Skott = vaxkaka; skottfall= vaxkaka som släppt, kakfall; Smeck= trätapp; förninger= drag; spinga= klyva; qvarter= 14,8 cm; fotning = pollen; skeppa= 14,8 liter; tum= 2,54 cm Skjägget= flustret; flöget= flustret; Lispund= 8,5 kg; marker=0,212g ; span= mellan tumme och lillfinger; värkbi =arbetsbi.

Företal

Ibland många Lanthushållningar och hanteringar är Bi-skjötseln ej den ringaste: ty den har både nöje och nytta med sig.

Härvid får man med största förundran skåda Guds visa inrättning även hos dessa små kräk: att ett helt samhälle, bestående av 10 till 30 000 bin, styrs av ett enda litet kräk, Visen; att de alla lyda honom med så ovanlig trohet, att vart och ett gärna offrar livet för honom; att alla vid hans befallning skynda till arbete och förätta sina sysslor; att de svälta själva ihjäl till ett stort antal för att deras Konung eller Drottning Visen, på vilkens liv hela samhällets välgång beror, må kunna leva.

Om han omkommer kan de ej arbeta, utan dö bort och alla förloras. Kan man annat än förundras över deras inbördes enighet i samhället? De har alla svärd eller gaddar, men sticks ej inbördes så länge de stå under ett huvud. Men komma främmande bin och anfalla dem så skilja de dem ifrån sina egna, bita dem ifrån sig, helst utanför boet. Ty inuti råder merendels enighet och frid. Deras kärlek till sin Konung är så stor, att då han med sin menighet föresätter sig att svärmande gå ifrån den boning, som han och de blivit uppfödda i, är de benägna att göra honom följe. Och när de kommit uti en ny boning, även om den är tom, flyga de ej tillbaka till den förra, trots att den är fylld med vax och honung. Skulle något bi från den utflugna svärmen flyga tillbaka efter ett par dagar, blir det strax angripet och fientligt bemött, trots att det för ett par dagar sedan haft sin hemvist där.

Vem kan undgå att förundras över deras flit? Över deras konstnärliga arbete? Ja, den största konstnär måste erkänna sig oförmögen att skapa en enda vaxkaka så konstnärligt, även om han finge av bina köpa ingredienserna härtill. Deras kakor eller skott är byggda uppifrån ner till bottnen, till att börja med vita som papper. Bina tål inte den minsta orenlighet i dem. De har ingen linjal, ingen vinkelhake eller cirkel. Trots det är deras celler så rätt utformade åt alla håll, som om linjal använts. Den ena cellen lik den andra, alla sexkantiga, men cellens botten är trekantig, så att honungen, som i början är tunn som vatten, inte rinna ut, även om vaxkakan läggs på sidan innan den är täckt. Det är förunderligt att bina när de drar ofta flyger en halv ja, trefjärdedels mil från sin hemvist, hittar hem och ej flyga in i en annan boning, även om så hundra boningar låge bredvid varandra. Det talar för Skaparens vishet. De ha ej annan mästare haft än den högste. Han hand syns så tydligt i deras hushållning, att alla stånd och samhällsklasser kan ta lärdom av dem, enligt D. Wolffgangii. Och hur kan det inte förnöja en Christen att han vid lediga stunder i åskådande av Guds verk, skönjer spåren av en vis Skapares milda hand, vilken med behag mättar allt vad som lever.

Biskjötslen är även till nytta, i synnerhet om den sköts på ett riktigt sätt. En bikupa räknas på många orter som mindre värd än en ko, men gagnar långt mera. En ko kalvar ej mer än en gång om året, men en kupa svärmar 2,3,4, ja stundom 5 gånger om året. En svärm är långt mer värd än en kalv, ty det är möjligt att en svärm kan hysa 4 till 5 skålpund honung om hösten då väderleken varit god och då den inte kostat något i foder. Kalven har då ätit upp mycket foder och är ej värd 1 skålpund honung. Jag nekar ej till kreaturens oundgänlighet utan visar endast på binas nytta. En bikupa behöver inget foder över vintern förutom det den själv skaffar sig, till ingens skada eller saknad. Liten skötsel och tillsyn endast. Den är ej underkastad så många farligheter som en ko. Den ger mer honung och vax än en ko ger smör per år.

En fattig lantman vet ofta inte var han skall ha som sovel om morgon och afton till barn, sig själv och hushållet eller varifrån han skall få pengar till skatterna. Vilket emellertid bina rikeligen bidraga till.

Vi har enligt Tulljournalerna årligen varit tvungna att vidkännas en dryg utgift till utlandet för honung och vax som en påföljd eller lindrigt straff för att vi låtit den välsignelse honung och vax utgör, fruktlöst förfaras och som dagg gått till spillo på växter och blommor och inte uppsamlats av bina.

Åtskilliga höga välsinnade Herrar ha väl uppmuntrat allmänheten att anlägga bigårdar; vittra män har skrivit vidlyftigare och kortare underrättelser om biskjötslen. Honungens sötma och vaxets nytta är allom bekant och begärlig. Kostnaden för bägge är kännbara. Trots det finns brist på bin, ja, stor bris ännu i vårt Rike fast klimatet är tillräckligt tjänligt. Orsaken är att man ej tror sig lyckas med dem; man kan ej förstå att sköta dem på rätt sätt; man kan råka ut för ett olyckligt köp; de kan gå under på grund av olyckliga händelser, de kan flyga bort o.s.v. så att den förväntade vinsten uteblir.

Jag har därför velat lägga fram denna skrift om en Biskjötsel som är grundad på egna försök, genom lång erfarenhet och andras beskrivningar samt är inrättad efter binas egentliga natur och egenskaper. Detta för att undvika stora kostsamheter utan i stället till lika stor nytta. Jag önskar hjärleligen att den måtte vara till mitt kära Fosterlands fromma och förmån.

I denna skrift finner min Läsare inga sirliga utvikningar, men väl de flesta, åtminstone angelägnaste av binas egenskaper vilka kan ligga till grund för deras skjötsel. Det är omöjligt att i en liten skrift anföra alla omständigheter som t.ex. när de svärma, när de skall skattas m.m. När man vet något om deras natur och egenskaper så finner man lätteligen deras skjötsel.

Den i biskjötslen okunnige får här en vägvisare. Då han vill köpa bin behöver han ej frukta att han lider skada i sitt värv om han sköter sina bin efter denna beskrivning.

Det är sant att deras större eller mindre båtnad kommer an på väderleken varje år, men skjötslen betyder mycket; platsen för bigården är inte lika tjänlig överallt. Jag bor på en mindre fördelaktig ort för bin, trots det har jag på ett år fått 83 Lislpund honung och 5 Lispund vax från mina bin. För ett skålpund honung fick jag 6 Daler och för vaxet 20 Daler Silvermynt per Lispund.

Långt mer kan den förvänta sig av sina bin om han har sina bin i ett fördelaktigt område och som förstår att förnuftigt skatta bina istället för att döda dem, som också hjälpa dem i deras olägenheter: själv göra svärmar då bina inte själva vill svärma.

På det sättet borde biodlingen komma mer till sin rätt och vårt Rike undvika ansenliga utgifter varje år och de flesta hushållen få njuta tillräckligt med honung och vax inte endast till eget behov utan också ha till salu, helst på de orter som överflöda av ljung och flera andra växter.

Jag skall här uppriktigt delge så mycket jag vet och kan erinra mig vara nödvändigt om binas skjötsel, kunskaper jag erhållit under 30 års biägande och förnöjsamma skötande, som inte varit utan kostnad och med uppoffrandet av flera bisamhällen. Jag vill därmed med flit undvika vidlyftighet och det som är mindre nödvändigt för skjötseln.

Skulle något fela, torde min Läsare nådigt
finna att ingenting är mänskligare
och välvilligt anse att jag försökt
anföra det mesta och nödvän-
digaste, men ingalunda till-
skriva mig de olyckshän-
delser som uppkommit
genom försummelse
i det rätta vårdhav-
andet av det jag
har anfört.

Innehåll i Capitlen.

Cap.1. Binas natur och egenskaper

Cap, 2. Plats där bina trivas samt om bibänk och bihage.

Cap. 3. Beskrivning av kupor efter gamla och nya sättet: flyttning och en god kupas kännetecken.

Cap. 4. Binas olägenheter.

§. 1. Röveri eller tjuvbin.
§. 2. Råttor.
§. 3. Getingar.
§. 4. Humlor.
§, 5. Bifjärilen.
§. 6. Myror.
§. 7. Grodor.
§. 8. Baggar.
§. 9. Tusenfotingar.
§. 10. Spindlar.
§. 11. Fåglar
§. 12 Visfall.
§.13. Kakfall
§.14. Hunger.
§. 15. Binas rőelse i otid.
§.16. Slaktande av kupa.

Cap. 5. Krav på skjötsel var månad.

Cap. 6. Om svärmning.

§. 1. Orsak och hinder för svärmning.
§. 2. Tecken till svärmning.
§. 3. Omständigheter vid svärmning.
§. 4. Själva svärmningen.
§. 5, Svärmens intagande i kupan.
§, 6. Om Visen vid överföring.
§. 7. Om Visen vill bli kvar.
§. 8. Om svärmen ej vill bli kvar.
§. 9. Att få svärmen att bli kvar.

§.10, Säkrare sätt härtill.
§.11. När en svärm bör flyttas på bänken.
§.12. Hinder för en ostyrig svärm andra dagen.
§.13. Om dröjsmålet mellan svärmar.
§.14. Att slå ihop små och odugliga svärmar.
§.15. Om bina sluta flyga.
§16. Om regnväder vid svärmning.
§.17. Om svärmningstiden.
§.18. När regnväder hindrar en eftersvärm.
§.19. Vad bina gör i för dem ny kupa.
§.20. När flera svärmar flyga ihop.
§.21. Avstånd mellan svärmar.
§.22,23. Omständigheter att iakttag vid svärmning.
§.24. Om en försvärm svärmar.

Cap. 7. Om Skattningen.

§. 1. Skattningens nödvändighet.
§. 2. Vilka bisamhällen bör skattas.
§. 3, Förberedelse för skattning.
§. 4. Tidpunkt för skattning.
§. 5. Jämförelse mellan Trivalds och mina kupor.
§. 6. Hur man driver ut bin.

Cap. 8. Om hushållningen med bin.

§. 1. Om tillfälliga sommar bigårdar.
§. 2. Att göra svärmar när bina inte vill svärma.

§, 3, Aktsamhet vid hanteringen.
§. 4. Delning av bigården.
§. 5. Om våt- och torrår
§. 6. Honungens nytta.

Cap. 9, Att ta tillvara honung och vax.

Första Capitlet
Binas natur och egenskaper

Alla bin hos oss är av ett enda slag. Varifrån kommer Skogsbin om inte från gårdar? Skulle de därför få mindre storlek för att de rymt? Kan trädet ändra binas natur? De bor ju också i träd nära gårdar? Flyttas inte ofta Skogsbin från skogen till gårdar? Skulle de därför bli större? Så länge ett bi har mycken honung i sig tycks det större, både längre och tjockare än ett bi som tömt sig. När det ena är lika uttömt som det andra lär de ha samma storlek. Nedfallna och sjuka bin kan tyckas större av den anledningen.

Jag har nog märkt att bina synas något smärre i somliga kupor: orsaken är att cellerna eller vaxkakan i vilken biäggen lägges blir små i en gammal kupa. Det sker också alltid när en enskild vaxkaka blir så gammal. Men när samma bin komma till en annan kupa blir de snart av vanlig storlek, så denna skillnad är därför ej viktig. Av samma orsak är somliga drönare mycket smärre än andra, ty själva cellerna där bi- eller Drönaräggen läggs är liksom en form åt bina varefter deras storlek blir. En del är argare, antingen på grund av starkare och bittrare örter som de drar på t.ex. timjan, libsticka m.m. eller om de blivit illa skötta, oroade, i synnerhet om deras vaxkakor blivit skadade eller hoptryckta.

Att en del är mörkare, en del ljusare beror på deras olika ålder: Ett gammalt bi är mörkare, ju yngre desto ljusare. Därför ser man att de unga bina är helt grå första gången de kommer ut. Om några på andra ställen i världen är gula, bruna, eller även vita såsom de i Ponto sägs vara, det lämnar jag därhän. Min föresats här är endast att tala om Svenska Bin.

Det syns mig som mindre nödvändigt att beskriva bina utifrån deras inre och yttre skapnad, eftersom det lär vara få som inte kan skilja dem från andra insekter. De är redan tillräckligt beskrivna av lärda män, i synnerhet av Cap. Mårten Trievald.

Min föresats är platt intet att orda om de så kallade wäggen eller Jordbina, som finns i somliga sandbackar i så stor mängd som om 20 till 30 bikupor vore nergrävda där. Dessa Jordbin har varsitt särskilda bo och lever ej i samhällen.

De vanliga bina, som här omtalas, är av tre slag nämligen: Vise, Arbetsbi och Drönare. Dessa tre vill jag kort beskriva var för sig. De kan delas så att de två första kan kallas ständiga och de senare oständiga.

§.1. Visens egenskaper.
Se skissen Lit. Q

Not. 1. Visen är så oumbärlig att hela Bisamhället är förlorat utan den även om det är aldrig så talrikt och har mycket honung.

Not. 2. Är han borta utförs inget arbete varken inne i eller utanför kupan eller stocken, utan honom är bina villrådiga.

Not. 3. Denne är till utseendet mera likt ett värkbi än en Drön eller Drönare, men mycket större och mycket längre, vingarna är väl så långa som binas, men eftersom hans kropp är längre så ser vingarna kortare ut. Härav följer att han flyger tungt och med hängande bakdel. Han har längre ben och dessa är rödbruna. Detta är det viktigaste tecknet för att skilja Visen från både Drönare och arbetsbi, vilka alla har svarta ben men Visen röda. Buken är nästan så röd som benen. Han har gula ringar eller bälten om ryggen, som syns då han är utsträckt. Hans huvud och bröst är tjockare än ett värkbis, men bakdelen mycket längre, dock ej tjockare. Den äldre är mörkare än den yngre. Tungan är helt kort jämfört med ett värkbis tunga.

Not. 4. Han går vid Svärmningen inte ut så snart så framt han inte blir utföst av de andra bina. Men blir han jagad av den gamle Visen eller den unge jagar den Gamle, löper han ganska snart ut.

Not. 5. Den unge Visen viker sig ofta, men inte alltid för den äldre, utan den äldre måste stundom vika för sitt barn.

Not. 6. Han tål inte längre någon annan regent.

Not. 7. Han vistas merendels där det mesta arbetet utförs, men när arbetet upphör om hösten 8 till 14 dagar efter Bartholomei, går han högst upp i kupan och ledsagas då av få bin, eftersom den andra menigheten håller sig längre ner. När kölden tilltar, liksom hela vintern, är han mitt ibland dem.

Not. 8. Om sommaren vistas han, morgon, afton och natt, nere vid botten eller nederst på kakorna, om arbetet kommit så långt; om dagen, så vida väderleken är behaglig och tjänlig för arbete, är han merendels längre upp i kupan.

Not. 9. Han matas av bina och äter sällan själv.

Not. 10, Han står ofta över ett värkbi och håller det mellan benen.

Not. 11. När svärmningen håller på löper den gamle visen helt fort omkring och hoppar, antingen nederst på kakorna eller på botten, liksom skulle han dansa tills Svärmen flugit ut.

Not. 12. När han föresatt sig att ej mer svärma det året, biter han ihjäl drönarna.

Not.13. Ungefärligen 8 dagar efter att han avslutat, att ej svärma mer det året, flyger den gamle Visen ut och är borta vid pass 1/8 timme.

Not. 14. Likaledes åtta dagar sedan en försvärm fattat stånd, flyger dess Vise ut. När han flyger ut, gör han 4 till 5 ringlar i luften för att ta märke så att han kan hitta tillbaka. Därefter börjar resan bort, merendels rätt fram, vid återkomsten gör han några ringlar i luften, varpå han går in med en stor hop bin som följe. De som innan suttit på skjägget, flustret eller flugit omkring. Under denna han bortvaro flyger bina tämligen hårt, men göra honom inte följe bort. Sedan flyger han inte ut mer det året.

Not. 15. Han är begåvad med starkt minne.

Not. 16. När en svärm flugit ut, och eftersvärmen är färdig, kallar, manar eller ropar den gamle Visen skiftesvis: ut, ut, ut, ut, m.m. hela tiden tills eftersvärmens Vise går ut. Detta händer merendels 2 a 3 dagar innan svärmen går ut. Vid middagstiden då bina flyga hårt, kan detta ljud ej höras på grund av binas surr. Unga Visen svarar: ka, ka, ka, och det med grövre röst. Detta händer ibland innan bina svärmat det året, men då är orsaken, antingen att eftersvärmen är tillika färdig att gå ut eller också att försvärms Visen omkommit av någon orsak: ty eljest ropas aldrig till försvärmens Vise.

Not. 17. Dess ordinarie livstid vet man ej säkert, men den är mer än två år.

Not. 18. I svärmningen är han stundom den allra förste som flyger ut, stundom ibland de mellersta och stundom bland de sista.

Not. 19. När de sätta sig är han sällan eller aldrig den förste utan sätter sig merendels då halva

Svärmen satt sig. Ibland sätter han sig emellertid på jorden eller annorstädes till dess att en myckenhet bin satt sig. Ibland sätter han sig bland de sista i hopen.

Not. 20. Han har gadd, något kortare än bina, sticker ej förrän han är skadad till döds.

Not. 21 Förutom under svärmtiden finns aldrig mer än en enda Vise i kupan.

Not. 22. Skall en onödig eller olydig Vise utdrivas eller dödas, sker det med gamla Visens eller med binas hjälp. Dessa våga själva ej öva våld på Visen utan blott hålla honom fast så han ej kan flyga eller hindra att man kommer åt honom.

Not. 23 Visen söker höjden när han kommer in i en ny kupa, så att han ser om det finns möjlighet för sitt följe.

Not. 24 Inne i kupan har han 3 a 4 stycken Bins som städse uppvakta honom, vilka följa honom vart han går. Dessa är fulla med honung och ser således större ut än de andra bina.

Not. 26. En främmande Vise antages gärna av ett bisamhälle som har förlorat sin egen Vise; underkastar sig dess styre, men kommer han till ett samhälle som själv har en Vise blir han dödad eller utjagad.

Not. 27, Ju hurtigare Vise ju flitigare bin. Är han sjuk går binas arbete sakta, men är han död avstannar det alldeles.

Not. 28. Hatar grodor och går ej ut till svärmning om någon groda ligger nära bibänken.

Not. 29. Han har ej något särskilt bo och hemvist i kupan att residera i, men den cell eller bo han kläcktes i, är helt olikt de andras bon. Det sitter för sig själv, vanligen nederst på en kaka med öppningen nedåt. Detta är starkare än de andra bona. Tbland finns 1 a 2, stundom 10 a 20 i en enda kupa, stundom inget alls.

Not. 30. När han flyger har han stadigare ljud och röst än ett värkbi, men ej så högt och skallrande som en drönare.

Not. 31. Om han än flyger upp när man tar ur honom med en sked ur svärmen, flyger han strax in i hopen igen.

Not. 32. Utan hans närvaro i svärmen flyger bina aldrig bort.

Not. 33. Om han har omkommit, lägges inga ägg i kupan ur vilka värkbin framalstras, men om den omkommer under sommaren eller hösten lägges ägg likafullt, ur vilka drönare framalstras. Jag har funnit helt små drönarungar, ja även ägg till drönare 5 a 6 veckor efter det att Visen omkommit.

Not. 34. En svärm kan mycket väl låta sig inkupas trots att Visen ej gjort följe samtidigt, men då flyger bina inte ut i svärm utan de finner efterhand sin moder. Den som ej förstår detta inbillar sig att en hel svärm kommit till den nya kupan dit han emellertid redan gått in i tysthet.

Not. 35. Visen är mycket envis och stadig till sinne.

Not. 36. Ju bättre Visens ljud hörs i kupan desto flitigare arbeta bina och tvärtom.

Not. 37. Lika mån om Visens följe och sällskap är Bina som Visen om Binas.

§. 2. Arbets- eller värkbinas egenskaper.
Se Skissen Lit. R

Den som vill lära känna binas yttre närmare kan läsa Cap. Trivalds tractat.
Vanliga bin, arbetsbin eller värkbin utgör

den största hopen i samhället.

Not. 1. De är försedda med en giftig gadd, vilken de emellertid inte brukar så framt de inte blir retade eller arga. Det bi som sticker en människa dör, ty gadden fastnar i såret och biets inre fastnar då och utdrages. När de sticka varandra dör de ej därav.

Not. 2. Bland dem som skrivit om bin har jag ej funnit någon som nämnt Blomsterbin, vilka endast finns vid Midsommartiden eller rättare sagt vid Svärmningstiden. De komma då överens med värkbina och är till synes till det yttre alldeles lika. De dra också pollen eller fotning och således är de arbetsbin. Dessa med sitt "blomster" syns endast vid Svärmtiden eller strax innan. Om man noga iakttar dessa, 6 a 8 dagar före svärmdagen, finner man några få som har ett smalt "blomster" inte fullt utvuxet, i trynet eller näsan. Detta lilla "blomster" blir större för varje dag och är på svärmningsdagen i sitt fulla "flor". Detta är till färgen gröngult och fastvuxet vid biets tryne eller käftar och består av några senor som går att dra ut tämligen långa. De är ej mycket små vid pass 1/8 tum långa. Efter svärmningstiden faller de av helt och blir ofta liggande på botten i nya Svärmen så att man ej kan göra skillnad på dessa och andra bin.

Slika Blomsterbin finns även i de kupor som ej svärma det året. Jag har helt visst kunnat avgöra svärmningsdagen, precis som en fiskare med hjälp av deras fläckar kan avgöra vilken dag mörten eller braxen skall leka.

Dessa Blom- eller Blomsterbins inre beskaffenhet känner jag ej till, ej heller har jag fått någon som kan anatomisera dem. Om så skedde torde något visa sig som förut varit förborgat. Detta kan dock i sig själv ej hjälpa biskjötslen utan är endast kuriosa.

Not. 3. Bina sätta sin Vise väldigt högt, de matar honom, följer och försvarar honom, dö själva av hunger hellre än att låta Visen lida nöd och brist.

Not. 4. Blir Visen sjuk mister de modet, dör Visen förgås de efterhand och svarar ej högt då man bultar på kupan, försvarar ej sin egendom, hålla sig ej tätt tillhopa i kupan utan krypa överallt, arbetar varken inne i eller utanför kupan. Kommer ett bi med fotning eller pollen så bär det den av och an och lägger det slutligen ifrån sig inne. Blåser man tobaksrök på den Viselösa kupan uppstår ett starkt ljud i kupan från Bina som ej uppkommer om Visen är i livet.

Not. 5. De är så våldigt flitiga att de ej försummar någon dag som är tjänlig för att arbeta. De har starkt luktsinne, men nog så svag syn.

Not. 6. Inne i Kupan älska de Visen, honung, mörker, Renlighet, frihet, frisk luft, samt rena och nya kakor eller skott, men ej drag om sommaren.

Not. 7. Utanför kupan älska de fritt svängrum, en trogen skötare, frodiga Ängar, allehanda slags träd, rännstenar och sumpiga ställen, där de hämta vatten åt ynglet.

Not. 8. Inne i kupan hata de elak lukt av t.ex. av kattor, våtskor, möglade gamla vaxkakor, spyor, avföring, rök i synnerhet svavel rök. Men måttlig rök av fårgödsel, som fallit vid midsommartiden tåla de och den är dem hälsosam. Maskar och all slags orenlighet, i synnerhet myror hata de.

Not. 9 Utanför kupan hata de grodor, spindlar, svett som luktar, svavel. Salpeterrök och allt det som hindrar dem i deras arbete. Svarta kläder älska de minst.

Not. 10. Om vintern bidrar köld, lugn, mörker och tystnad till deras välmående.

Not. 11. Solen lockar ut dem på snön när de oros om vintern. Kommer de i stark rörelse släpper de vintertappen inne i kupan m varav elak lukt blir följden och förrådet minskar.

Not. 12. De trivas bäst i stora samhällen. Dessa kunna bättre försvara sig mot getingar och andra fiender, mot köld och drag. De samla mer honung, kan bättre bygga sina kakor, värma sina ungar och således fortare föröka sig och tvärt om.

Not. 13. När en svärm kommer i ny kupa eller boning söker den sig uppåt och bygger naturligt sina kakor nedåt, från toppen ner till botten. Är de tvungna att bygga i en lång boning går det sämre. Är de tvungna att bygga uppåt går det illa och blir oredigt.

Not. 14. De bygga sina kakor alltid lika. Somliga samhällen bygger längs med, från flustret och bortåt, andra på tvären, en del runt om, därav har det blivit att de gamle har kallat dem för antingen radbin eller ringbin och trott att det berott på olika egenskaper hos bina. Orsaken till denna olikhet är ej kupan, ej heller dess korspinnar, för om en svärm dör och man tar ut vaxkakorna väl och sätter in en annan svärm i samma kupa händer ej alltid, utan sällan att den fäster kakorna på samma sätt som den förra. Ej heller beror det på binas egenskaper, för om bina utdrives i en annan kupa så kan det hända att de som varit radbin blir ringbin och twärtom. Jag trodde en tid att deras sätt att bygga berodde på vädret när Swärmen inkupades och började bygga så att de byggde kakorna twärt emot blåsten, men det stämmer inte alltid. Kan hända att Visens riktning är orsaken. Hur han ställer sig när han kommit in så bygger bina och som de börjat måste de fortsätta.

Not. 15. De börjar vanligen bygga 3 vaxkakor av vilka den mellersta är störst. När de andra kakorna blir så stora som en twärhand börjar de åter en på var sida och så vidare.

Not. 16. Alla kakorna är ej lika, en del bestå av vanliga små bon eller pipor o vilka värkbin utkläckas, en del i stora pipor i vilka drönare kläckas. Dessa senare sitta mest på sidorna och ej mitt i kupan. De är till antalet mycket olika, i somliga kupor finns endast 1 a 2 kakor med dessa, i somliga långt fler; och det senare till binas skada.

Not. 17. Alla piporna är riktade lite uppåt och anpassade efter kupans lutning på det att honungen som i början är tunn som vatten ej må rinna ut.

Not. 18. Honungen har bina i en blåsa inuti sig, så stor som en liten ärta. Från blåsan tappar de honungen i sina vaxkakor, efter behag.

Not. 19. Fotningen eller det så kallade honungsbrödet har bina på bakbenen. Det har olika färg, rött, gult, grå, blå, vita, bruna, violetta m.m. om vaxet byggs av detta tvivlar jag mycket på, för a) om man driver ut en svärm 1 a 2 dagar efter den har börjat bygga, skall man finna att mycket har byggts, kakorna eller skotten är av vax men fotingarna ligger i piporna. b) jag har sett en svärm som näppeligen haft 40 a 50 fotingar på 18 dagar och då jag öppnade kupan för att se, fann jag kupan fullbyggd med vax. c) när en kupa är full med kakor får hon ej mera vax, enbart locken utgör skillnaden och trots det dras det in pollen i en fullbyggd kupa, lika så mycket som till en ung, om inte mer. d) bina äta av fotningarna eller pollenet och varför då inte av vaxet om det är av samma ämne? Att fotningarna som är av så många färger kunna bearbetas så att det blir nästan genomskinligt som kristall tycks mig underligt. e) jag har stundom sett bina ha rent vax under buken, vid bukens leder eller ringlar, vilket dock är svårt att se. f) om våren då sälgen har blommat dra bina in de mesta fotningarna, lägga de mesta ungarna men bygga inga kakor. g) bina samlar fotningar av sådana ämnen som pulver från bränt trä, matmjöl m.m. Dessa och andra liknande skäl visa, enligt mitt tycke, att bina ej gör vaxet av fotningarna. Det kan dock lämnas till andras noggrannare omprövning.

Not. 20. Så snart en bisvärm kommer in i kupan blir deras första syssla att rensa kupan upp i toppen och vill svärmen bli kvar, biter den bort små strå, drar ut dem och för bort dem.

Not. 21. Så snart de byggt kakorna ner till en kvarts längd, lägges ägg i piporna. Allt efter hur stor svärmen är blir myckenheten av ägg.

Not. 22. De tapetsera väggarna runt om med vax.

Not. 23. I flustret hålla en del bin vakt. Kan de inte hålla stånd, rapporteras detta till de andra, som snart blir behjälpliga.

Not. 24. Ett bisamhälle sätter honungen mestadels överst då det börjar samla vinterfödan, ungarna sätter de något under. Den honung som i hast blivit samlad om dagen och lagd utan ordning för skyndsamhetens skull sätter de nederst i kupan. Den bringas om natten i ordning upptill, helst när svårare väder nalkas.

Not. 25. Kommer fienden in i kupan och lyckas passera vakten, tilltalas han sällan, utan stjäl efter behag och har inget motstånd att befara förrän han skall gå ut och åter passera vakten.

Not. 26. Om en ny svärm väntar regn, blir ibland dess första syssla att till en del, mer eller mindre, bygga igen flustret med hälsosamt harts, *Cera virginea*, till hinders för drag och regn.

Not. 27. Om de väntar oväder arbetar de flitigare, är bittida uppe och gå sent till vila. Därav kan man om morgonen bedöma dagens väder och om aftonen nästa dags väderlek.

Not. 28. Bina har väldigt god känsel, därför har de men av att de oroas under arbetets gång.

Not. 29. När en svärm har kommit in i en ny kupa, vänder de utgående bina sig snabbt om både på skjägget och i luften, med huvudet mot kupan, varigenom de tar märke på var deras nya hemvist är. Efter att de en gång tagit märke var deras hemvist är, hittar de tillbaka. Likaledes gör de unga bina i en gammal kupa första gången de flyger ut ur kupan om våren och sommaren.
Not. 30. Bina känner varandra så att om ett bi flyger till en boning där det ej hör hemma, blir det taget för en tjuv.

Not. 31. De drar som tidigare sagts merendels på alla slags blomster, men på somliga mer på somliga mindre. På hasseln och dess ragg eller hanblomster drar de sina första fotningar för året: tussilago, Petasites (*Flor Svecica p. 746)* är mycket nyttiga för dem, där den växer i ymnighet. Pil eller Sälg drar de allra mest på. På Ek samla bina stora vita fotningar, även av Bok då hon blommar. Ingen eller föga honung erhålla de förrän Äpplena blommar. Efter den tiden hyser många blommor honung, i synnerhet Torste, getapel eller brakved (*Rhamnus*). Även om bina dra fotning aldrig så mycket så kan de dö av hunger några dagar innan Äpplena blommar. Därefter klarar de sig så framt väderleken tillåter dem dra och arbeta.

Not. 32. De tvingas strida när det inte finns tillräckligt med dragväxter och det ges tillfälle därtill.

Not. 33. I synnerhet om födan är ringa i förrådet och blomstren få, så tvingas de att stjäla och anfalla andra, helst från bisamhällen i grannskapet. Om de kan skada Visen i sitt onda uppsåt i den kupa de anfalla så är saken vunnen. Då får de inget eller föga motstånd, utan hjälpa de övervunna att föra bort sin egen honung till Segervinnaren. De övervunna ger sig själva under dess lydnad. Detta sker stundom på den egna bänken.

Not. 34. Rövarbin är mycket snabba så att man kan känna igen dem på deras flykt: Lyckas deras föresats så fördubbla de sitt anfall dagligen till dess att de blivit mästare av den anfallna kupan.

Not. 35. Lika modfällt som den anfallna menigheten blir av sin förlust, lika muntert blir tjuvsamhället av sin vinning.

Not. 36. Om tjuvkupan flyttas 1; ½; ja ¼ mils väg, *linea recta*, så glömmer sin tjuvnad på 14 dagar, då den kan bäras tillbaka,

Not. 37. Var gång en kupa flyttas, tar de nytt märke, så som sagts i Not. 29, men de måste nödvändigtvis förstå sig flyttade minst ¼ mil, annars flyga de till sitt gamla ställe och råka ej den flyttade kupan igen.

Not. 38. De förorena ej kupan inte ens under hela vintern om de inte oroas därtill.

Not. 39 Vid svärmningen speja de alltid efter bo ett par dagar innan det händer. Härav kommer det sig att de kunna flyga till samma utvalda bo om det så ligger 1 a 2 mil ifrån, utan att göra en enda bukt på sin resa. Ibland kan det emellertid ske att de blivit förvillade och flugit vilse eller gjort någon bukt på resan så att de åter måste sätta sig och speja efter nytt bo.

Not. 40. Ju närmare det spejade stället är desto fortare sker avresan eller marschen när de vill flyga bort och tvärtom.

Not 41. Om hösten smeta somliga gamla kupor igen sina fluster, liksom svärmare mot oväder. Orsaken är den att flustret är fönstret. De har ingen annan förmån av att smeta igen det än att undvika drag och få mörker. Ofta sker emellertid att kupans nedersta krans böjer sig, varför det är bäst att ta bort denna om hösten.

Not. 42. Ju sämre de sköts desto mer benägna är de att flyga bort och tvärtom.

Not 43. När de under svärmandet sprida sig vitt omkring, spejar de efter ett ställe att sätta sig.

Not, 44. Så snart de föresatt sig att ej mera svärma det året blir deras första arbete att driva ut, förjaga och bita ihjäl sina drönare, om Visen annars är frisk och lever som sagts i §.1. Not 12.

Not. 45. Det händer ofta att bina under väntande oväder och följaktligen starkt drag att de om hösten sätta sig under kupan. Många fruktar då att en sådan kupa vill svärma, trots att den bitit drönare innan. Orsaken till detta är att en myckenhet ungar har kläckts medan honung har dragits in men ej lagts i ordning eller täckts med lock. Dessa ungar är då som små barn upp i fatet, varför de äldre bina fösa dem utanför kupan under tillsyn av några äldre. Efter få dagar gå de emellertid tillbaka. Detta kan man märka när man lyfter kupan och ej finner den på långt när så tung som man kan förvänta sig om den är full av honung. Är den emellertid full av honung är orsaken att de fodra mera utrymme.

Not. 46. De svärma sällan i kupor förrän de byggt fullt.

Not. 47. Tiden för svärmning är oviss från kl. 7 på morgonen till 4 a 5 på aftonen; dock sker det mest mellan 9 a 10 till kl. 2 efter middagen.

Not. 48. Ju bättre kupa desto förr svärmar den det året; ju förr entledigar den sig från sina drönare och ju tidigare sätter hon sig i vinterkvarter.

Not. 49. Ett bi säges leva ej mer än ett år.

Not. 50. De kakor som fallit ned kan bina inte laga eller resa upp, men om något gått sönder lagar de det med stor begärlighet så att det blir som en kaka.

Not. 51. Om våren börjar bina lägga äggen där de ha sin samlingsplats i kupan och intager kupans vidd alltefterssom de föröka sig. Äggen läggs fortsättningsvis så länge de har drag.

Not. 52. Om sommaren är kupan mera full av ungar än honung. Av 20 pipor med ungar finns knappt 2 a 3 med honung, så framt den ej är lämnad från förra året. Det syns mig därför underligt att det så ofta talas om tidig skattning, även om Kock, som eljest haft god insikt om Bina, skrivit väl därom. Jag undrar om han någonsin gjort en sådan skattning med en sådan förmån att han kan råda andra att utdriva Bina vid svärmningstiden.

Nej, det är att bliva vis men ej rik.

Not. 53. Binas bästa honungssamlande är när ljungen står i blom, men så snart frosten kommer, fördärvas ljungen och binas honungssamlande upphör. Om bina får vackert väder när ljungen blommar och det finns tillräcklig tillgång härpå samt att den finns nära inpå, kan en kupa dra in ansenliga mängder. En dålig dag 2 marker honung och en stark 5,6 eller 7 marker honung per dag. Kanske Bovete är lika bra som ljungen.

Not. 54. När bina anfallas av getingar yttra de ett underligt läte som om de skulle beklaga sin nöd för husbonden.

Not. 55. När de förlorat sin Vise om sommaren, söka de honom även med ett underligt läte. Då löpa de förvirrat omkring på flustret, flyga upp men hastigt tillbaka. Detta sker ibland under 2 till 3 dagar.

Not. 56. Alla bisamhällen förbruka ej lika mycket honung under vintern. Det beror dels på Visens hushållning dels också på honungens kvalitet. 1 ½ Lispund bör en god kupa ha ungefär till vinter och vårföda.

Not. 57. De sitta inte i dvala under vintern utan sorla ständigt. Ju kallare vinter och ju mer drag i kupan desto mer sorla de. Under den kalla vintern äta de och röra sig något. Som kölden förhålla sig, så skicka sig också bina, nämligen när det är kallt, krypa de tätt tillsammans. När mildare väder infaller sänker sig hopen längre ner. Tydligare sagt: vid Mikaeli börja de att dra sig tillsammans mitt i kupan och äta först av den understa honungen. Vid Allhelgona är de merendels samlade till vinterstånd, dock inte fullständigt förrän i mitten av November. Sedan äter de endast så många kakor de har samlat alltefter hur talrikt samhället är. Är de ej så talrika så finns 2 a 3 kakor fria från bin bredvid Bina. Dessa sparas till vårfoder, men efter behov flytta de sig uppåt där honungen är.

Not. 58. Om våren *consumeras* ansenliga mängder sedan de släppt vintertappen och rensat sig.

Not. 59. Att säga dag och datum när de bör släppas ut kan man icke utan det beror på väderleken och vårens snarare eller senare ankomst.

Not. 60. Om de kommer ut för tidigt på dagen när Snö och Is finns kvar, bli de snöblinda, faller ner på snön, stelna och dö. Om man tar upp dem snart och tar in dem i lagom värme, kvickna de snart till och får liv igen.

Not 61. På vintern läggs platt inga ägg, men alldeles före Vårfrudagen börjar de lägga, fastän de ännu inte börjat flyga. Därför kan man se nya bin flyga 8 a 12 dagar efter att de andra kommit ut.

Not. 62. Bina känner igen dem som dagligen umgås med dem och sticka dem ej gärna fast de röka Tobak och supa brännevin. Men nygift folk tåla de ej gärna. Dem hjälper ingen bekantskap, ej heller kvinnor vid viss tid.

Not. 63. Ett bi som sticker aktar föga om sitt liv, som förloras då det sticker. Det vågar det i alla fall för det allmännas skull, Det är märkligt emellertid att det försöker sticka där skinnet är tunnast så att svedan blir desto mer kännbar.

Not. 64. Om det finns mycket tomrum i en kupa, tar bina skada därav om vintern, ty därav orsakas ljus och kölden förstärks.

Not. 65. Om två bisamhällen eller svärmar förs ihop, dödas den ena Visen och när det skett, upphör striden och alla förenar sig under ett huvud.

Not. 66 Om ett samhälle drivs ut ur sin boning, oavsett vilken tid på året t.o.m. på senhösten, och kommer till en annan boning, kommer det att trivas där, allt efter omständigheterna. Nämligen beroende på hur nya vaxkakorna är och hur mycket honung som finns.

Not. 67. Svavelrök är deras starkaste gift.

Not. 68. Blir ett samhälle utan Vise, flyttar dess bin vanligen över i de närmast stående kuporna och förena sig med dem. Det händer dock ej alltid att de får tillåtelse därtill.

Not. 69. Om Bina svälter blir de kraftlösa och deras arbete blir därför ringa under en lång tid.

Not. 70. Härav följer att en svärm, som hungrar mycket innan den byggt färdigt sina vaxkakor, arbetar sakta, får eländiga kakor och blir odugligt så länge den är kvar i den kupan.

Not. 71. De dö av honung som är uppblandad med kvicksilver, liksom med andra gifter.

Not. 72. Honung uppblandad med jäst har samma verkan som kvicksilver.

Not. 73. Bin flyger ibland 1, 2 a 3 fjärdingsväg efter nektar, dock mest ½ fjärdingsväg.

Not. 74. De kastar ut ofärdiga ungar och även bin om det är något fel på dem, som att de är odugliga till arbete, ej må vara samhället till last eller för tunga.

Not. 75. Om det fattas utrymme i kupan, hänger de utanför kupan om hösten. Ibland bita de ihjäl de unga bina, ibland bygga de utanför kupan, ibland rymmer alla bort från en sådan kupa full med honung, ty det är emot deras natur att gå sysslolösa.

Not 76. Köld och mörker får bina att sitta stilla.

Not. 77. Det tar 20 dagar från det ägget lagts till dess ungen kryper ut fullvuxen. Han stannar kvar inne i kupan 8 dagar ca. och samlar krafter. Första gången han flyger ut drar han inte fotning. Kanske sker det andra gången.

Not. 78. Vanligen är en hop ungar i följe när de flyger ut första gången. De löper av och an innan de vågar flyga upp och är rädda att de inte skall hitta tillbaka.

Not. 79. De är så sparsamma att de älska honungen och förrådet mer än sina egna ungar.

Not. 80. De har starkt minne precis som deras förman Visen.

Not 81. När en bisvärm kommit in i den nya kupan gör han sig en stege av de egna bina för att komma ner till flustret och upp igen, ofta samma dag, vilket är tecknet på att han fattat stånd.

Not. 82. Efter ungefär en månad ifrån det att en Försvärm kommit in, kommer dess ungar i ansenligt antal och visa sig i ett följe.

Not. 83. En Eftersvärm visar sig 14 dagar efter försvärmen under svärmningstiden.

Not. 84. Deras odygd är att de är något hastigare, benägna att sticka och därtill tjuvaktiga.

§. 3. Drönarnas eller vattenbinas egenskaper. Se S i skissen.

Det tredje slaget bin är oständiga och kallas Drönare, Drönjan eller Vattenbin.

Dessa ä oständiga, emedan de ej alltid finns i en kupa eller samhälle, utan endast ifrån mitten av Maj till hösten, då de vanligen dödas i en god kupa. Alla dödas i slutet av Juli, I somliga kupor blir de kvar till September månads slut, vilket ej betyder något gott Cap.1§1. not. 13,

Not. 1. Dessa äro till utseendet större, längre och tjockare. De har större, rundare och ludnare huvud. Deras läte är mycket starkare än de vanliga binas. Runt halsen har de en svart krage, icke olik sammet. De är betäckta med hår på ryggen och överallt. Deras tunga är kortare än binas och således odugliga till arbete. Se Trievald trakt. Cap 2.

Not. 2. Dessa draga varken vax, honung eller vatten.

Not. 3. Dessa flyga ej ofta ut, utom vid middagstiden, i synnerhet är de mera tysta den dagen bina svärma och flyger inte ut innan dess.

Not. 4. Deras utevistelser tycks ej vara länge, men de flyger längre bort än arbetsbina. När jag flyttat en bikupa ½ mil från mitt hemvist, har inte ett enda bi kommit tillbaka dagen efter, däremot drönare i tusental. Av detta kan man förstå att de, men inte bina känt igen trakten. Härav kan man också dra slutsatsen att deras uppgift var att söka ny boning för svärmen, som dock ej kom fram.

Not. 5. Att säga hur stort deras antal är i en kupa, är omöjligt, ty det står inte i proportion till binas antal, utan det kommer mer an på vaxkakornas byggnad i kupan. Den kupan är underkastad stor fara som är belastad med för många av detta släktet.

Not. 6. Alla är säkert inte hannar av drönarna utan en del är honor, för vem skulle framalstra dem annars sedan Visen är omkommen. Det finns ju drönar ägg och drönarungar 6 veckor efter Visens död.

Not. 7. Det är svårt att säga till vad de är nyttiga. Kanske är en del hannar eftersom de flesta och största bikännare intyga deras natur, men några av dem är också honor.

Jag har sett bin speja efter boning, inte en utan 6 a 8 gånger, men aldrig sett någon drönare eller Vise vara med. De har spejat i bihus, helst i utdöda kupor, vars vaxkakor varit i gott skick, rensat dem och velat flyga dit vid Svärmningen. Men drönare var varken med vid Spejningen eller bland de första bina som flugit in vid svärmningen.

Not. 8. Jag finner inte någon annan nytta med dem än att de med sitt hurtiga ljud uppmuntra bina till hurtighet och att vara som ammor till de vanliga ungarna, som under denna tid finns i kupan, och värma och skydda dem med sina kroppar.

Not. 9. När de flyga ut ha de sin blåsa full av honung, men när de återkommer är de tomma. Därav kan man dra slutsatsen att drönarna förtär mycket i kupan och att den kupa som har för många av dessa, lättas och tömmas mycket. Man bör dock inte döda dessa för snart utan låta Bina själva ha det besväret. Att hjälpa dem med att döda några, när bina själva hata dem, skadar inte utan gagnar, helst när kupan genom svärmande fått ont om bin.

Not. 10. Från och med att de kläckts i Maj till dess att Bina föresatt sig att ej svärma mer det året, är Drönarnas plats högt upp i kupan. Sedan måste de hålla till godo med den sämsta platsen, där den sämsta och minsta honungen finns i kupan.

Not. 11. Dessa Drönare har ingen gadd och kan således ej försvara sig, men de är väl starka till krafterna och kan flyga iväg med 2 a 3 bin om de angripa honom. De blir så modfällda av binas hat att de dels rymma bort och förgöra sig själva, dels också låta jaga sig ut ur kupan från honungen. Ibland låta de sig arresteras i tusentals utanför kupan, helst under skjägget, med bara 7 a 8 bin som gå vakt över dem.

Not. 12. Med deras bortgång avstannar ej Binas äggläggning, men drönarägg läggs ej mer.

Not. 13. Att det finns Drönare är ett tecken på Svärmning, eftersom bina aldrig svärmar innan drönare visat sig. De kommer emellertid ej alltid fram lika lång tid innan svärmningen. Men antingen en kupa svärmar eller icke har den drönare, fast vanligen visar de sig senare i det senare fallet.

Not. 14 I försvärmen finns ej många drönare ofta ej heller i de senare. Om drönare *faecunderar* Visen har jag ej sett, men att de genom vitaktig materia befrukta Binas ägg utanför Visens kropp är mindre troligt, för på våren finns ej en enda drönare kvar i kupan. Hur skulle då de kunna få detta material. Och låt vara att det stundom finns 1 a 2 om våren så har det skett av en händelse att en sådan har fått passera, såvida Visen lever. Han blir dock dödad på våren. Dessutom kan en Drön inte komma in utifrån och lägga denna vita materia för hans kropp är för tjock,

Dessa och slika anmärkningar, som inte är anförda i ordning, är förmodligen de Grunder som en förnuftig biskjötsel kan vila på. En del finner min läsare vara av mer, en del av mindre betydelse. Nu när jag har fått lägga fram mina tankar, är det tydligt för mig att var och en själv får finna sig uti vad som här fattas.

§. 4. Författarens tankar om binas kön.

Innan jag slutar anföra Binas egenskaper och natur, borde jag väl yttra mig om deras *Sexu* eller kön, vilket många till äventyrs kanske längtar efter nu.

Jag måste erkänna att jag ej har de insikter i naturkunskapen, att jag vågar uttala mig särskilt utförligt. Meddelar desto hellre den nyaste åsikten om Visen, att den är en hona, Detta eftersom jag själv sett Visen, ledsagad av några få bin, först luta sig med huvudet in i en pipa samtidigt som dess följe pillat på hennes bakdel. Efter att hon dragit ut huvudet, har hon strax stuckit in bakdelen, vilken räckt till pipans botten och förmodligen där lagt ett ägg. Under det att hon haft stjärten eller bakdelen inne, har samma följeslagare pillat henne på huvudet, precis som om de skulle ge henne föda, eller *careciera* henna. I detta följe fanns inga drönare med.

Jag såg Visen fortsätta med detta 20 a 30 gånger, till dess att jag slutligen rörde vid Visen med ett litet strå varpå hon rädd genast gav sig i väg med sitt följe ur sikte.

Det är dock något märkvärdigt, för det första att ett Creatur kan framalstra 3 slags ungar eller rättare sagt. Vise, Bin och Drönare som är helt olika till storlek. Drönaräggen är större, ja, nästan dubbelt så stora. Vise äggen är tämligen lika Biäggen eller lite längre.

För det andra att Visen, så framt han vore den enda honan, skulle ha kännedom om äggets natur innan det värpts och kunna lägga ett ägg som skall bli Vise i ett Visebo; kunna lägga ett ägg som skall Drönare i en drönar cell; kunna lägga ett slags ägg som alstras för att bli Värkbi i en Värkbipipa. Detta särskilt som hon nödvändigt kan värpa 4 a 500 ägg per dag. Cap. 1.§. 2: Not 16. Måste man då inte stanna i förundran över ett så litet kräks stora och sluga egenskaper? Lika lite som vallhyndans valpar blir kalvar bara för att hon valpar i kons bås, lika lite som sparvhökens ägg blir ärlor för att de lades i hennes bo. Lika lite tycks det mig 'biägget borde bli något annat än de hade när det lades i olika bon.

För det tredje är det också märkligt att det aldrig sker några felsteg, misslyckanden så att ett ägg lägges i annat bo än det är ämnat för d.v.s aldrig ett Viseägg lägges i Dröncell eller bibo, sällan ett Drönägg i Vise eller bibo och aldrig ett Biägg i i Visebo eller Drönbo. Om ett bi kläcktes i ett Dröbo, skulle vi få se ganska stora bi och twärtom.

För det fjärde är det förunderligt att en enda hona kan lägga 400 a 500 ägg varje dygn från Vårfrudagen till Allhelgonadagen. Vilka ägg dessutom inte är väldigt små utan så tjocka som en knappnåls udd och så långa som en liten agn. Det tycks mig otroligt, särskilt som hon desutom har så mycket annat att syssla med.

Jag har aldrig förstått att Ägg läggs i en kupa som inte har någon Vise, av vilka Vårk- eller Drönbin framalstras, och att det ofta funnits helt små ungar och ägg i drönarbon 6 veckor därefter, Så jag kan ej finna annat än att det bland Drönare borde finnas både han och hon.

I sig själv har inte denna dunkla fråga någon betydelse för Biskjötseln. Det räcker att man känner till Visens nödvändighet i kupan och att hela samhällets väl hänger på dess närvaro och twärt om, att det vid dess frånvaro är förlorat. Jag anser därför detta spörsmål som mer kuriöst än nödvändigt. Om jag skulle påstå att en del Bi vore hanar och en del honor så vore det ej så orimligt t.e.x Blomsterbin hanar (Cap 1. §2. Not 2); Vårkbin honor, av det skälet att Prof. O-economie i Lund Trozelius i sin sirliga Disputation anför och berättar att bina har lemmar för föda, lemmar för parning, lemmar för gift. sidan 27, 28 i "Skånska Biskjötseln" 1759 *Deus & natura nihil faciunt frustra*; Och om dessa öka samhället enbart så länge de anförs av sin Vise, *quodlibet producens suum simile*, så vore detta lika osäkert som det förra. Vad kan man mera tillägga härom? Hellre må man stå i en helig förundran inför naturens visa inrättning. Och säga med Davids Psalm 104 vers 24 — 31:

"Otaliga är dina verk, o Herre!
Med visghet har du gjort dem alla.
Jorden är full av vad du skapat.
Där är havet, det väldiga, vida, med en myllrande skara utan tal av djur både stora och små.
Där strävar skeppen fram, där är Leviatan, som du skapat till att tumla om i djupet.
Alla sätter sitt hopp till dig,
Du skall ge dem föda i rätt tid.
Du ger dem, och de tar emot.
Du öppnar din hand, och de äter sig mätta. Du döljer ditt ansikte och de blir förskräckta.
Du tar ifrån dem deras ande och de dör och blir åter mull.
Du sänder din ande, då skapas liv.

Du gör jorden ny.
Herrans ära är evig.
Herren har behag till sitt verk"

§. 5. Binas inbördes förhållande i en kupa.

För dem som ej får moderna underrättelser om bina, skall jag här lämna en liten kort berättelse om binas förhållande under olika omständigheter.

Not. 1. När en svärm blivit utkläckt och gått ut, tar de kvarvarande kupan i besittning och utan att arbeta mycket avvaktar de tiden 3 a 4 dagar ibland mera, till dess den fått tillökning av en del nya bin som antingen ej är utkläckta ännu eller ej kunna flyga.

Detta är svårt att se i fullbyggda kupor, men jag har märkt det i liggstockar och även i Kochs bihus på följande sätt: när jag öppnade den främre luckan, hängde en flock bin helt glest på framsidan av vaxkakorna, så mycket som en knapp kanna. Andra dagen var denna hop större och tredje dagen var den synbart förökad. Den fjärde dagen gick svärmen ut.

Jag lade märke till den skillnaden under dessa dagar att de ej arbetade i huset, de sutto också mycket glesare än bin brukar göra när de arbeta. Olycklig är den kupa som måste härbärgera sin svärm mycket länge i brist på Vise, ty den äter mycket och arbetar lite.

Not. 2. När en svärm utgått, sätter den sig och finner strax tjänligt ställe att sätta sig på, så framt de ej fattat leda till platsen.

Jag nämnde i Cap. 1.§2. Not. 42. Att de sätta sig. Jag har hört att de också flugit bort utan att sätta sig. Jag var på en Herrgård för 2 a 3 år sedan och såg bina vara väl ställda på sin plats på vinterbänken, men utan stolpe eller granruska framför sig. Blåsten var så hård på Bina att de verkligen var i rörelse fast vid 13 tiden i starkaste köld. Jag undrade då om Bina skulle inse sin svåra belägenhet vid svärmningen och rymma bort. Jag fick också snart se att 3 a 4 stycken svärmar flög bort, de flesta utan att sätta sig. Flera slika tillfälligheter eller fel i skjötseln får bina att rymma iväg. Cap. 1.§2. not. 42.

Not. 3. När en svärm gått in i en ny kupa och fattat stånd, gå alla bina upp i toppen. Det ena biet hänger på det andra, men det är allra överst som arbetet förrättas. När man sakta lyfter upp kupan från bottnen för att se på deras arbete, märks inget annat än att somliga gå in, andra gå ut och de tycks utan mål.

Men bygget pågår lika fullt och får bina bara behagligt väder sänker sig samhället dag för dag ner mot botten. Det gagnar bina dock inte att kupan rörs ofta. På 2 a 3 veckor är hela nya kupan ofta fullbyggd med vaxkakor om den får stå orubbad och får vackert väder.

Bina beger sig ut om morgonen, först några få om dagen: när dessa kommer hem med förning och rapporterat att väderleken är tjänlig till arbete, skynda de andra sig ut; dock inte alla utan så många som kunna undvaras för att kunna bibehålla värmen i kupan, för Visen ungarna och vaxets uppbyggnad etc. Sedan möter bina varandra i flustret så att man inte kan förstå annat än att lika många flyga ut som in. Om aftonen sluta de tidigt sitt arbete om de väntar behagligt väder följande dag ute. Den som har haft bin länge kan gagna sig av detta rön som barometer. Väntar de regn om dagen börjare de arbeta tidigare om morgonen än eljest.

Vänta de långvarigt regn flyga de ofta i hårt regn och med mera pipande ljud för att visa människorna att de äger större insikt om väderleken än de.

Det är underhållande att se deras flit och girighet, ty det gamla ordspråket: ”mycken honung gör lata bin” äger ingen grund. Men en myckenhet bin orsakar en myckenhet honung om väderleken eljest är tjänlig och deras girighet är så stor att de näppeligen kunna få nog eller så mycket de åstunda av den. Och ett rikt samhälle äter ej mer över vintern än ett fattigt om inte mindre. Cap.1.§.2 Not 56 och 79. När ett bisamhälle samlat mycken honung om dagen, rusar de hårt om natten och visa sin glädje,

Är kupan för vid för svärmens storlek, bygger de först den ena sidan, sedan den andra. Men är kupan lagom eller smal tas hela kupans bredd i anspråk.

När kupan är fullbyggd med vax är bina under sommaren uti hela kupan. En del sysselsätts med ungarna, en del med byggande, andra åter med att fylla honungspiporna andra med att täcka dem med vax o.s.v. Men om en del bara arbetar ute med att samla vax och honung, medan en del bara är sysselsatta med byggande och lagande hemma är ovisst eller blott en gissning. Jag håller före att ett och samma bi kan både samla honung, vax och fotning och bygga hemma samma dag så mycket det hinner.

Om man minskar utrymmet bina fått att arbeta i blir de nog så förbittrade. Men om man ger dem mer rum t.ex. en krants står de gärna ut med det fast de ofta har olägenhet därav, nämligen om den är onödig eller för stor.

Det händer ibland att värmen är för stark om sommaren, så att bina inte kan bärga sig inne i kupan, utan nödgas sitta i stort antal först inuti kupan på väggarna och sedan utanför kupan. Detta kan även gälla även halvbyggda kupor. Denna svårighet avhjälps lätt bara med en tjockare halmmatta. Därför anser jag det inte nödvändigt att ta upp detta i Capitel 4.

Not. 4. Om hösten efter Michaeli drar bina ihop sig i kupan allt efter som kölden tilltar, så att de mot vintern endast sitter på några få kakor om de ej är mycket talrika. De äter först längst ner av kupans honung och förflyttar sig uppåt, vilket ju är nödvändigt, sedan drar de sig åt sidorna.

När det är riktigt kallt kryper de tätare ihop för värmens skull så att de blir nästan som en kropp. När blidare väder åter infinner sig, sänker sig hopen längre ner och ej så hårt tillsammans. Härav är det tydligt att ostadiga vintrar då det stundom är mycket kallt och åter milt väder, inte är fördelaktiga för Bina. Åtminstone äta de mer än då vintern är jämn. Är hela vintern blid må bina inte illa därav.

Om bina är fattiga på vintern tål de mindre köld, ty honungen bidrar också till värmen. Man bör ej fodra bina om vintern, ty då blir sista vilan värre än den första, men på våren kan det ske.

När honungen om vintern tryter helt, krypa en del bin in i piporna helt tätt och dö medan andra dö på sin samlingsplats. Är kölden inte så häftig vid denna stora olägenhet bärga de sig längre. De får emellertid inte flyttas eller oroas. Av det följer att en birik kupa uthärdar längre än en bifattig.

Not. 5. När Bina kommer ut första gången om våren befriar de sig från de exkrementer de har samlat i sig under vintern, som kallas vintertappen och man ser att detta ibland sker med stor svårighet i kallare väder. Ju blidare desto bättre går detta.

Den första dagen när de flugit ut om våren flyttar sig hela bisamhället nedåt i kupan ned till flustret och det tycks som om de allra flesta bina varit ute den dagen. Sedan tar de till sig ny förtäring och äta mer. De håller sig emellertid ihopa och ej som om sommaren.

Några bin går om våren och hämtar honung från de fulla kakorna till samlingsplatsen, där ungarna finns. Dock ej förrän honungen börjar tryta på den platsen. De hämtar inte mer än som behövs.

Allt vartefter bisamhället ökas i kupan behövs mer rum. Om kupan ej är fullbyggd med kakor börjar bina hänga i kedjor nedanför kakorna när de vill bygga vidare. Detta byggande går i början mycket sakta och med mindre tjänligt vax. Orsaken är brist på det ämne som bör användas. Fastän bina nu strax drar in pollen och fotar, i synnerhet när videt, salix, är i blomma, kan de ändå dö av hunger till dess att äppelblommorna slagit ut.

När man utökar kuporna med nya tillsatser eller krantsar, fortsätter Bina sitt arbete med att fylla krantsen med kakor ovanifrån och ner mot bottnen.

För 12 eller 14 år sedan, då jag ännu inte visste att Visen på sommaren i starka kupor håller sig nära bottnen, skulle jag utöka en stark svärm med en krants underifrån. Jag lyfte upp kupan lite häftigt en afton klockan 8. Jag blev då varse en stor hop bin på bottnen, men innan jag hann sätta ner krantsen drog sig bina hastigt tätare ihop, nästan som till ett nystan och rullade omkring tills den föll ner på marken. Jag var sysselsatt med krantsen och skulle just sätta under den. Emellertid begav sig den på marken nedfallna hopen under syllen på det hus som bibänken stod framför. De började sorla och låta kraftigt, varför jag blev övertygad om att Visen var där. Det var omöjligt för mig att gräva fram eller driva ut dem från väggen. Några bin kröp ut och åter tillbaka liksom för att *recognosera* om det fanns någon möjlighet att komma tillbaka till kupan. Ett ovanligt läte hördes också från kupan som ett tecken på att den var övergiven. Därför lade jag ett tunt smalt bräde som räckte från kupan, som ännu ej var tillsmetad, ned till väggen där den nedfallna hopen var. Sedan löpte några få bin upp från marken och upp i kupan. Ännu några fler bin kom nu från kupan och löpte ner under syllen liksom för att rapportera tillståndet. Kort därefter kom hela hopen löpande från marken i följe med Visen in i kupan. Därpå hördes en glättig röst och sång i kupan över deras anförares lyckliga återkomst och välmående.

Av detta kan man se för det första, att Visen under denna tid håller sig nere vid botten och att man bör vara försiktig när man sätter under krantsar eller tillökningar. För det andra, att bina snart saknar sin Vise då han förloras. För det tredje, att Visen även är mån om sitt samhälle och gärna vill vara hos det.

Cap, 2. Plats där bina trivas samt om bibänk och bihage.

Jag tänker inte här yttra mig om hur Bin trivas i andra Riken. Mitt syfte är endast att skriva om deras trivsel hos oss i Sverige.

§.1. Platsens belägenhet och beskaffenhet.

Våra bin trivs på de flesta orter här i Riket, ty kölden om vintern skadar dem inte och värmen om sommaren är tempererad. De trivas dock bäst där det finns vidsträckta och frodiga ängar, vilka finnas mest vid stora byalag, tillräcklig ljung eller också vid god tillgång på bovete. Det ena ersätter bristen på det andra.

Det är naturligt att de kräva tillgång på blomster eftersom ett bi förgäves besöker en blomma som redan blivit tömd samma dag. Men de tar ej all sin förning på ett slags blomster utan stundom på löv o.s.v. ej heller alldeles i närheten utan stundom besöka de örter ½ mil hemifrån. Tillgång på vatten är oundgängligt för bin.

Där stora sjöar finns intill på en eller flera sidor har bina mycket men därav, ty dels finns inget att samla där, dels dränker många sig också där. Tänker de flyga över dem vid Svärmningen, är det ofta omöjligt att komma efter dem så att det händer att hela svärmen drunknar och omkommer i vattnet, nämligen om Visen faller i och bina vid sökandet finna honom, sätta de sig alla på honom och förloras.

Stora åar nära intill byn har också sin svårighet, ty de hindra att komma efter bina när de svärma. Där det finns sockerbruk, lockas bina till stort antal in i husen, hitta inte ut och omkomma således i stort antal.

På somliga ställen finns frodiga ängar, men inte tillräckligt med ljung eller Bovete. Där kan det bli många och tidiga svärmar men svårt om vinterföda för bina, ty deras mesta honungssamlande sker på dessa. Åter på somliga orter finns det tillräckligt med ljung och bovete men mindre tillgång på vår- och sommarblomster. Därför sker att de svärma och föröka sig föga, men blir tämligen rika på honung till hösten.

Där bägge delarna finns, nämligen tillräckliga dragmöjligheter både på vår, sommar och höst, där är den fördelaktigaste orten för dem. Härav kan var och en avgöra om han skall skaffa bin.

Man bör också moderera antalet bisamhällen efter ortens bättre eller sämre beskaffenhet, ty att anlägga fler bikupor på ett ställe än orten tål, är att i grunden fördärva bina, göra dem tjuvaktiga och sakna både den nytta och det nöje man borde förvänta sig av dem. Den bästa äng lämnar magra kreatur ifrån sig om där blir för många. Antalet kupor modereras härefter. Är hösten bättre än våren så borde Capitel 7 och 8 vara till nytta.

§. 2. Bihagen.

Stället där bibänken skall sättas, eller den så kallade bihagen, kan väljas efter behag mot öster eller helst söder, ty de älska solen sommartid och uppmuntras till arbete av den i synnerhet om morgonen och aftonen, och till svärmning vid middagstiden. Cap. 1. §. 2. Not. 7. Blir de vana vid skugga arbeta de ändå tämligen flitigt även om flustret vätter mot norr, vilket dock ingen bör försöka. Man ser till att välja ett ställe där det inte finns buller. Cap. 1. §. 2. Not 28.

Det är bekvämast, för bättre tillsyn, att ha bina mot en södervägg i det hus man bor i: Man ser då när de svärma och tjuvar har ej så lätt att komma åt bina, De har då lugn på norrsidan, där vädret är hårdast och vanligen har de där lugn från flera håll.

Man bör dock akta på att det inte finns något stort hus eller träd nära dem på framsidan, vilket kan hindra deras flykt. Cap. 1.§. 1. Not. 13;14. Annars hindras Visen att ta märke och kan således förloras.

Man får se till att Bibänken ej ställs för nära väggen eller planket, varken på sidorna eller baktill, så att råttor kan hoppa upp eller komma åt bibänken och att dropp från taket ej når kuporna och kan oroa eller skada. De bör stå två alnar från väggen så att man vid flera tillfällen kan gå mellan väggen och bänken.

Kring bihagen bör man hålla rent, ty bina älska renlighet och likaså att det inte växer upp för mycket gräs. Cap. 1.§.1. Not 28 och Cap. 4. §. 7. Är planen sumpig kan den fyllas med sand, grus eller kolstybb. Bihangen omgärdas med ett lågt staket, 2 alnar från själva bänken på tre sidor. För att hålla kreaturen och nyfiket folk borta kan staketet vara högt. Cap.1.§.1 Not. 14.

Finns bina i en trädgård torde staketet ej vara nödigt.

§. 3. Bibänken.

Det är angeläget att ha en god bibänk. Genom att ha odugliga har tusentals bisamhällen fördärvats. Är den ranglig och inte riktigt stadig, ledsna bina, faller omkull och deras boningar fördärvas och i grund förstöras. Är den ej rätt gjord kommer råttor och myror m.m. upp. Ty det är högst nödvändigt att ha goda bibänkar, vilka man också kan skaffa utan stor kostnad.

En biägare bör nyttja två bibänkar, den ena i bihagen och kallas sommarbänk, den andra norr om något hus, där solen ej kan skina på bina om vintern eller tidigt på våren och locka ut dem i otid. Cap.1. §. 2 Not. 10,11

Sommarbänkarna kan göras långa efter behov av två granbakar eller ytved, som hyvlas på två sidor eller på alla fyra. Dessa brädor spikas ihop med 3 a 4 starka dymlingar eller tjocka spikar, så långa att brädorna är ett och ett halvt quarter från varandra. Dessutom tillverkas 2 till 3 par fötter, en aln långa och väl starka. Är bänken kort behövs endast 2 par.

Befaras myror, gör man hoar, en till vart par fötter att stå i. Under bänken eller åsarna fäster man en hyvlad bräda 1 ½ aln lång genom vilken fötterna stå i åsarna. Detta hindrar råttor och möss att komma upp på bänken om hösten. En liten bräda fästes över var framfot på bänken nedtill, som hindrar att bina ej falla i vattenhoarna. Denna bibänk bör vara något lite framåtlutande och det enbart för regnets skull så att väta ej kan rinna in i kupan från skjägget.

Vinterbänken görs merendels på samma sätt som sommarbänken, men fötterna måste för det första vara något högre: 2 alnar. För det andra måste brädet under bänken, som nämndes, istället vara bleck eller järnplåtar, en till var fot, genom vilka fötterna gå i bänken. Härigenom hindras de snåla råttorna att komma upp till bina om vintern. För det tredje behövs inga hoar, ty om vintern skadas ej bina av myrorna.

Framför allt måste, för det fjärde, denna bänk vara väl stadig och fast och för det femte lika lutande som sommarbänken. För det sjätte inhägnad så att kreatur inte kan komma åt den. För det sjunde måste man göra hål för små pliggar eller spikar att fästa något som skyddar bina från fåglar om vintern. Cap. 4. 11; Cap5. §. 8.

Bänken ställs helst norr om någon hög vägg så att solen ej kommer att skina på kuporna. Runt omkring ställs granruskor ganska tätt som skydd mot för starkt väder, vilket ofta oroar bina och som sätter dem i rörelse i otid. Vill man istället använda tätt staket, är det kan hända bättre. Cap. 1. §. 5.

Allt detta är varken mödosamt eller kostsamt och bina trivs då lika väl, om inte bättre, än i husen, vilka ju kosta mer och är äventyrligare. Den som har tillfälle att få det träd till bibänk uti vilket korpar haft bo, bör skaffa det.

Om någon, mera som prydnad ändå vill ha hus till sina bin, så måste dessa hus inrättas så att varken råttor eller myror hitta dit, varken om sommaren eller vintern. Dessutom se till att solen inte lockar ut Bina i otid om våren, vilket torde orsaka mer besvär än nytta, ty om det knakar i fogarna blir Bina irriterade och komma i rörelse ofta till deras ruin och undergång.

Somliga biägare anser det inte nödvändigt att hålla vinterbänk, utan i stället använda sommarbänken. De vänder då bikupornas rygg mot solen, trots att flustret då blir som ett fönster, så att det var afton och morgon lyser in i kupan och det blir ljust i huset, vilket högeligen skadar bina. Förutom denna olägenhet aktar man ej heller på bipipornas lutning, vilka inte kommer att luta som de gjorde om sommaren, då de lutade framåt. Härigenom konsumeras mer än eljest om vintern. Cap. 1. § 2 Not. 17.

Tredje Capitlet
Kupors beskrivning efter gamla och nya sättet, flyttning och god kupas kännetecken.

§. 1. Jämförelse mellan olika kupor.

Var landsort har merendels olika boningar åt sina bin en del i liggande stockar, en del stående, andra af strå, andra åter af halm, såsom askar, bihus, kupor etc. Ju närmare desse äro passade efter binas natur, desto större båtnad för bina. I synnerhet då man avser Ortens mer eller mindre bekvämlighet, skjötsel och väderlek.

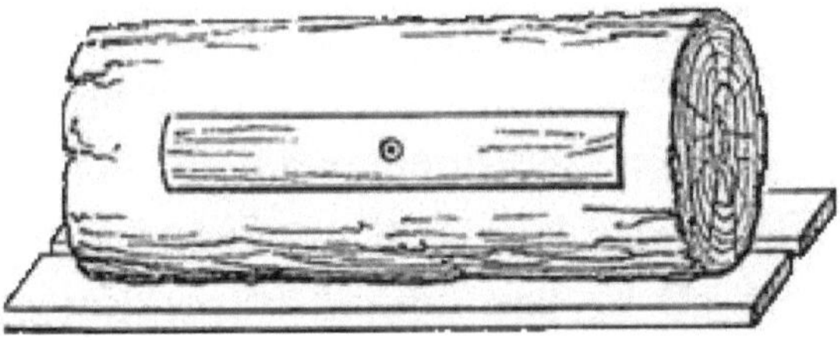

Alla slags stockar vätska sig om vintern och är därför mindre gagneliga än de kupor som är av halm. Liggande stockar är obekväma för bina. Höga ståndsstockar är svåra att hantera. Så vart slag har sina olägenheter. Kupor är onekligen de bästa för bina som hittils uppfunnits, bara de olägenheter de för med sig undanröjs. I dem blir det ej någon fukt om de ställs rätt och täcks, ingen osund lukt, om de sköts rätt. Det blir ej kakfall så lätt. Det blir inget starkt drag; rensningen om våret sker utan möda; det blir tillräckligt varmt för ungarna om våren; vaxbygget blir bekvämt; bina stannar gärna kvar vid svärmningen. De dö sällan i dem om vintern, om de har födan. De föröka sig bättre i dem; de svärmar tidigare på året och oftare. De får inte så långt till sin samlingsplats med sina förningar. De är lätta att skaffa till rätt och nödvändig storlek. De kan utökas och minskas allt efter som nödvändigheten fordrar.

Trots att kupor på många orter är väl bekanta, ja, de vanligaste i Riket, så är de dock på många orter ej väl sedda, därför skall jag kort beskriva dem här.

De binds av halm och hassel, eller videspån, eller granfötter som är kluvna o.s.v. I brist på dylikt spån eller rötter kan bast användas i nödfall. Jag tvivlar på att de kan bindas tillräckligt starka och goda av hampastrå istället för spån eller rötter.

Till formen kan de liknas vid ett ägg, vars stora ända är avhuggen. Flustret ½ tum högt och ett gott quarter brett. De minsta kupornas storlek kan utsättas till en skäppas innehåll. De större till 1 ½ skäppas rum. Detta bör anpassas till ortens mer eller mindre godhet. Vidden inuti vid foten blir 2 ½ quarter diameter. 1 tum mer eller mindre kan tilläggas eller fråntagas. Denna form visas i Skissen Lit. A.

Man blandar ler, koträck och vatten, så att det blir lagom tjockt och smetar in kupan utanpå innan den nyttjas, varigenom den vinner mer stadighet och undviker ljus och drag. Om detta har vår i Biskjötslen mest erfarna Rådman och berömde Tolags bok-hållaren Herr Erik Lundgren i Norrköping nyligen skrivit. Hans berömliga kortfattade Tractater visar den Hedersmannens stora insikter och grundliga erfarenhet om biskjötlen samt berömvärda nit att bringa dem till sin höjd i Riket.
Somliga använder endast koträck att smeta in kupan med. Observera: Innan kupan nyttjas måste smeten torka annars orsakar det elak lukt i kupan till binas leda och olägenhet, särskilt om insmetnigen gjorts när de nyss kommit in i kupan eller strax innan.

Två par pinnar av lent trä, som lind eller vide sätts i kors, ett kors ett quarter från kupans fot. Se Skiss 4 B. L. Ett trä likt en konisk plugg sätts i kupans översta ände, som kan dras ur när skattningen skall förättas, se Skiss L.h.

Härtill kommer en botten av trä, som ej får lukta av kåda Lit. O. Man kan bruka Asp, Lind, Al, Ek,

Furu, Gran, Bok etc. till bräde. Om brädet kokas innan eller det får ligga i regn en tid, försvinner lukten.

Bottnar av helt bräde som är täta är bäst om sommaren, men om vintern kan otäta bottnar brukas, emedan bina älskar drag och frisk luft. Cap.1.§.2. Not. 10.

En halmkärve, som här kallas halmmatta, binds hårt ihop och på dess topp fästs en rund skiva av trä, så att regnet inte tar sig igenom. Denna halmkärve tjänar som täckning men skärs upp framför flustret eller skjägget så att solen kan skina därpå. Så är hela kupan färdig.

Biägaren bör ha flera dylika kupor färdiga inför svärmningstiden, en del större en del mindre. De bör ha förvarats så att kattor ej kunnat ligga i dem eller annan orenlighet gjort dem otjänliga, ty renlighet är alltid värt att ihågkommas i biskjötslen.

Slika kupor används i Skåne, Halland och Småland, ja, också på flera andra ställen, men hos de flesta fås ej den förmån som man kunde förvänta sig, utan de blir slaktade då de är 2 a 3 år gamla. De anses annars dö av ålder och hålla sällan mer 1 a 2 Lispund honung och ungefär lika många marker vax.

Det är sant att en liten kupa av en skäppas storlek sällan lever mer än 5 år, då vaxet blir otjänligt för Bina. En stor kan leva längre till åttonde året.

En kupa kan skötas så att den på en fördelaktig ort det är hon ej svärmat och väderleken varit bekvämlig kan hysa 6 a 7 Lispund honung och lika många marker vax. Den kan också hållas vid liv, inte 7 a 8, utan 70 a 80 år, ja, så länge man behagar. Cap. 5, §. 5 och Cap. 3. §. 3 samt Cap. 7 och 8.

§. 2. Tankar om andras inventioner.

Capit. Trievalds metod med askar tycks hävda detta, men det har emellertid ej lyckats, dels är hans askar gjorda av trä, stå i hus, i vilka de oroas genom att de knakar i fogarna av köld och skadas m.m. dels är hålen på mellanbottnarna allt för små så att bina sällan bygger den andra asken färdigt och nästan aldrig tredje asken, utan svärma häftigt om de är starka på våren och ej hinna bygga mycket i mer än en ask.

Brukspatron Kocks invention har jag också försökt. Den hindrar något mer att bina svärmar, fast inte helt. Bina hindras mer i sitt arbete med dem och har inte den avsedda nyttan. Cap. 1. §. 2. Not. 13. Bägge är avsedda att ha en skattning, som är orimlig, nämligen att en hel ask skall tas, så att en så stor skattning blir antingen för stor eller för liten. Ty av 10 a 12 kupor eller boningar av samma sort är knappt 2 lika rika, men skattningen föreskrivs likväl lika stor för den fattige som för den rike. Den fattige måste dö av hunger, medan den rika tålt större skattning utan känning. Därför skall jag här beskriva ett slags kupor, i vilka jag håller för sannolikt att alla svårigheter kommer att undvikas och de ovan påstådda förmånerna naturligtvis kommer att erhållas och det utan någon särdeles kostnad.

§. 3. Ny förbättrad konstruktion.

Först tillverkas ett lock, byggt på samma sätt som den översta delen av en kupa. se Skiss Lit. C. D. och J. Sedan ett quarter högt trä, som kan tas ur. L sedan 6 stycken krantsar, vardera 1 quarter till höjden, men lika breda och som passar till locket, ej helt ½ aln i diameter. I var och en av dessa binds ett kors av pinnar under en omgång eller ett varv inuti. Lit. F och M. och Lit. A; B; L och Lit. Observera: Locket fästes med tråd på 3 a 4 ställen ihop med en krants till en liten svärm, men är svärmen stor används två hopsatta krantsar. Då dessa krantsar och lock är ihopsmetade med ler, koträck, är de lika stora som en Ordinär kupa. De övriga krantsarna sparas till dess de behövs vilket beskrivs i 7:e Capitlet.

Med en slik kupa eller förbättrad Colonie kan skattningen göras lättare och modereras allt efter binas förmåga, ty en kupa tål ej heller lika skattning det ena året efter det andra, utan bör anrättas till hur rika bina är. Således fattas aldrig tillräckligt med utrymme för bina, de belastas ej heller med onödigt rum, vilka bägge är till men.

Denna inrättning tror jag kan vara lämplig på alla orter, så väl de mindre som på de mest fördelaktiga.

En invändning torde här göras nämligen att en sådan kupa inte tål någon flyttning, varken att köra eller att bära. På det kan man svara: Så hård påfrestning som vaxkakorna tåla inuti en hel kupa, så mycket tål det i denna hopfogade. Även fogarna hålla ej så ringa, ty dels hjälper koträcken som kupan är insmetad med, dels klistra bina själva denna fogning och göra den så stark att man med möda kan skilja dem åt med kniven. Cap. 1. §. 2. Not. 22. Men är en dylik Colonie nyligen skattad, då medges att flyttningen är äventyrlig. Det är således bäst att låta den nyskattade slippa flyttning det året.

Min läsare kan själv förstå att man således kan förvandla kupor till Colonier.

§. 4. Om flyttningen.

Flyttningen kan ske på vilden tid som helst på året. Man anser dock att tilltagande månad är bäst, vilket jag för min del ej gjort skillnad på, men godtar den berömlige Rådmannen Herr Lundgrens på erfarenhet grundade råd.

Om vägen är kort till flyttningsstället så att den kan ske från kl. 6 om aftonen till kl. 7 a 8 om morgonen är det bäst att förrätta flyttningen till April månads slut eller till början av Maj. Om sommar eller höst duger det ej att flytta bina mindre än ¼ mil. Cap. 1 §. 2. Not 29.

Är vägen längre än att transporten kan ske på ett halvt dygn, är det säkrast låta den förrättas om vintern, helst när första snön fallit. Ty hur aktsamt de än hanteras och köras, oroas de ändå något. Om de innan har förtärt mycken honung så som i slutet av vintern kan det hända att de släppa vintertappen i kupan, varigenom elak lukt förorsakas och honungen tillites, men i början av vintern händer slikt sällan.

På vilket sätt man flyttar bikupor beror på var och ens försiktighet och omständigheter. De kan bäras, föras, ros och köras. Men man kan ej vara förmyckket aktsam härvid, ty kakfall gör stor skada och kan hända de bästa, yngsta och tyngsta kupor Cap. 4. §. 13.

Är snöföret gott, så att man ej behöver frukta hårda stötar, kunna de köras makeligen med släde eller drög hela 30 a 40 mil, sedan man väl bäddat med halm eller hö under och omkring dem.

Man får dock ej bära in dem i varma rum om nätterna. Kan man fullfölja resan utan att stanna, är det bäst.

Flustret måste täppas till väl med någtot trä, som inte hindrar deras fria luft utan endast att de flyger ut. Under våren bör kuporna vara övertäckta så att inte väta tränger in.

Om det finns unga svärmar i kuporna är det säkrast att bära eller ro dem, för de tål knappast att köras. Om man sätter upp stolpar på kärran eller vagnen, kan kuporna köras lång väg, om man binder fast dem väl. Om flyttningen skett om vintern sätts kupan vid hemkomsten på vinterbänkden och förvaras som sägs i Cap. 2. §. 3. Men har den skett om sommaren eller den tid bina flyga, sätts de vid hemkosten på Sommarbänken och åtnjuta sommarskjötsel.

§. 5. Om köp av bin

Den som vill köpa bin bör antingen låta Säljaren avlämna dem på eget bevåg eller också själv se till att kupan är av bästa slag.

Om sommaren är det lättast att se vilken kupa som är god nämligen: 1, Den som börjar arbeta tidigt om morgonen. 2. Drar mest fotningar. 3. Är birik. 4. Är tung. 5. Ej för gammal, men skall kupan köras tar man ej gärna någon Svärm eller skattad Colonie. Cap. 1. §.2. Not 45.

Om vintern: 1. Att kupan är tung, vilket innebär tillräckligt med föda och ansenligt antal Bin. 2. Att Bina vid sakta bultande ger starkt ljud ifrån sig, vilket innebär att Visen är vid liv. Cap. 1. §. 2 Not. 57. 3. Att fri luft varit i kupan. 4. Att inget dropp eller väta kommit på kupan. 5. Att kupan varit fri från ohyra, i synnerhet från råttor. Cap. 4. 6. Att ej allt för många döda bin ligger på bottnen och 7. Att de för allt i världen inte släppt vintertappen på bottnen eller i flustret och på skjägget.

Dessa tecken bör tolkas så att ej ett för sig vittnar om kupans godhet utan alla tillsammans.

Det sägs visserligen att man inte kommer att lyckas om man köper Bin från ett Sterbhus, om inte en jordtorva lagts på var och en av den dödas bikupor då han bars till graven, men jag för min del finner inte skäl här uti.

Det är sant att Bin älska sin Skjötare Cap. 1.§. 2. Not. 62. Men om köparen förstår att välja en god bikupa och sköter Bina väl, som de skjöttes innan, på fördelaktigt ställe, trivas de nog så väl sedan som förr. Saknas detta, är det ej att undra på om de vantrivas. Skjötsel och trevnad följes gemenligen åt.

Cap. 4. Binas olägenheter.

Ett Bisamhälle är snart fördärvat av vanartigt folk och okynnes få och det på flera sätt, som man ej behöver anföra här, dock vill man hoppas att det förra förebyggs dels av Christendom dels av vår välsignade Landslag, och det senare av det som i föregående Capitelen kort blivit anfört. Men många andra olägenheter kunna infinna sig, vilka orsaka binas undergång och minskning samt Ägarens stora förlust och avsaknad.

Det är min skyldighet nu att uppge det vanligaste, som fördärva Bina. De fördärvas dels av sina fiender dels också av andra tillfälligheter, vilka bägge man bör känna till och efter möjlighet förebygga och bota.

Binas fiender är följande.: Röveri eller tjuvbi. §.1. Råttor. §. 2. Getingar. §. 3. Humlor. §. 4. Bifjäril. §. 5. Myror. §. 6. Grodor. §. 7. Baggar. §. 8. Tusenfotingar. §. 9. Fåglar. §. 10. Spindlar.
§. 11. Björn, Mård och Ekorrn behövs inte anföras här emedan de förmodligen ej anfalla hembina, utan blott skogsbin, vars skjötsel jag inte tar upp här.

Olägenheter är i synnerhet: Visfall. §.12. Kakfall §.13. Hunger. §. 14. Stillastående luft §. 15. Slaktande av kupa. §. 16. Flera olägenheter såsom rymning vid svärmningen, förtidigt utflygande om våren m.m. finns nämnda på andra ställen i denna skrift.

§. 1. Röveri eller tjuvbin.

Rov- eller tjuvbin är av binas eget släkte, men ändå deras starkaste fiender, som också fortast kan orsaka ett bisamhälles undergång, ty dels stjäla de bort honungen i det samhälle de anfalla, dels söker de också döda Visen, så att deras onda uppsåt må vinna fortare framgång. Den kupa som anfalles blir modfälld, utfattig ofta Visfallen och omkommer därför. Cap.1.§. 2.

Orsaken till Binas tjuveri är både begär efter honungen och brist på föda eller fruktan för detta, kanske t.o.m. smak för lättja. Ty när det inte finns tillräckligt med dragämnen så tar de till denna fula ovana. Cap. 1. §. 2.

Hittar de då en kupa eller annat samhälle som är modigt att försvara sig, anfalla de detta och söka göra sig till ägare till dess egendom. Tillfälle ges till tjuvbin 1. Om de finner någon kupa där tillsmetningen spruckit så att de därigenom både känner lukten av honung eller kan tränga sig igenom. 2. Om flustret är större än bina orkar försvara. Cap. 1. §. 2. Not. 32; 33.

Man kan förvisso ej förutsäga vilken kupa som är benägnast för tjuveri, ty ibland händer det att en ung, ibland en gammal, stundom en rik, stundom en fattig kupa stjäl. Men vanligen har jag funnit att den kupa som stulit varit bistark och ej särledes rik på honung.

Tjuvbin känns igen vid den anfallna kupan: 1. På deras ostadiga flykt, ty eftersom de är tjuvar är de mycket rädda i synnerhet i början. De våga således ej sätta sig på skjägget och gå in med den säkerhet som de andra bina, utan flyga av och an som om de brände sig på ingången, dra sig än till den ena än till den andra sidan av flustret för att reta den på skjägget stående vakten. De kan ställa sig i motvärn på den ena sidan så att deras onda sällskap kan få tillfälle att smita in på den andra sidan. Deras flykt är också långt hastigare än de andra binas, likna mycket i sin flykt de flugor som kallas sting.

2. På deras sakta gång när de sätta sig. Den som känner dem kan inte annat än förundra sig över deras falskhet vid ingåendet och hur listigt de passar på tillfället bland de andra.

3. På deras genomträngande och ljusa röst, av vilken en nog närmast, ja, alldeles blind om han vore van och kännare av dem, skulle förstå vad som är förhanden.

4. De är upphovsmännen och de argaste av denna flock mördare, förmodligen gamla bin.

5. Har de fått överhanden, drar de längre på dagen än de andra bina. De har grövre röst än de andra bina när de lämnar den anfallna kupan på grund av sin tunga kropp, som är full med honung.

6. De biter bina på skjägget, ty de anfallna försöker försvara sig allt vad de kan. Cap. 1. §. 2. Not. 12; 34.

Detta kan undvikas om:

1. Flustret är lagom stort d.v.s. att bina inte behöver trängas men ändå vara fullt så att bina kan försvara det.

2. Om man aktar på att kupan inte har några öppningar i tillsmetningen eller i bottnen som kan ge bina anledning till slik odygd, ty tillfället gör tjuven.
3. Att man håller bina så friska och krya som nästa Cap. lär ut.

Man kan bota och hjälpa denna svårighet om man:
1. I läglig tid, då inga bin är ute, ger den anfallna kupan något gott och sött vin, såsom Portugis eller Spanskt, om det kan fås, uppblandat med honung, vilket de blir modiga av, Cap. 5. §. 1. En bonde tog brännevin istället för vin och berättade för mig att det hade gjort verkan,
2. Ta torr Koträck som fallit vid midsommartiden och röka den anfallna lagom mycket. Det gör bina kvicka och tjuvbina rädda.
3. Att fånga tjuvbin till en del är visst möjligt, men har skada med sig både för den anfallna kupan, emedan dess botande beror på tidens utdrägt, binas oroande och hindrande, och för tjuvsamhället, som därigenom försvagas mycket, så att det blir modfällt och sedan bara ger en liten eller ingen svärm, trots att det tidigare varit hurtigt. Kan inget av de två första råden hjälpa, måste röveriet stoppas genom:
4. Flyttning. Cap. 1. 1. §. 2. Not 36. Helst flyttas tjuvkupan, men man måste först veta vilken det är. Tjuvbin börjar först och slutar sist sitt arbete om dagen så att man därav ganska säkert kan gissa var de hör hemma.

Skulle detta ej märkas, beströr man tjuvbina, som man kan få fast några, med mjöl eller puder och ser noga efter vart de flyga. Men har de redan hunnit stjäla mycket fyller man hela flustret på den anfallna kupan med fint mjöl så att tjuvbina som är där inne måste tränga sig därigenom när de vill flyga ut.

Då kan man också ha någon hos grannens bin som ser till om mjölade bin flyga dit och vilken kupa det är som stjäl. Detta kan verkställas på vilken tid som helst om dagen. Man täpper således till den anfallna kupans fluster, så länge en person går till grannens bibänk i detta ärende. När man förmodar att han är framme, läggs tjockt mjöl på skjägget och flustret öppnas. Då alla bina, som mjölade komma ut, flyga till sin hemvist kan de lätt kännas igen. Cap. 1. §. 2 Not. 34.

Om det är ens egna kupa som stulit, så bärs den bort ¼ a ½ mil då den på 14 dagar glömmer sitt okynne och kan bäras hem utan minsta skada. Cap. 1. §. 2. Not. 36.

Är det grannens, låter han sig nog bekvämas till det samma, helst om han får försäkran om att när slikt händer hans egna bin, får han samma förmån. Men skulle mot förmodan grannen vara så orimlig att han nekar till att flytta sin vanartiga kupa och ej fråga efter det allmännas bästa,

Josephs skada, då flyttas den anfallna kupan åtminstone ¼ mil fågelvägen eller lite mer. Dessutom sätter man en tom kupa, helst med någon vaxkaka i eller en där bin funnits i förut, på det stället där den anfallna kupan stått. Då kommer tjuvarna att tro att den är uttömd och avstå. Cap. 1. §. 2. Not. 72.

Om man inte sätter någon istället kommer tjuvarna att angripa en av de närmast stående kuporna, så vida den ej är starkare. Man måste ändå ha god uppsikt över dem och framför allt laga att de är väl tillsmetade och ej ha för stort fluster, annars blir den första oredan värre än den första. Just i denna händelse skulle det inte vara något konstigt med att man fångar grannens bin så som Koch anför, nämligen: 1. Man bär bort den anfallna kupan. 2. Man sätter en tom kupa i dess ställe och låter tjuvbina flyga in i en liten tratt av papper, som man fäst i flustret. Då de ej hitta ut bär man bort kupan med tjuvbina in i ett rum och öppnas. Då flyga de sedan mot fönstret till ljuset där de lätt mördas. Om man gör detta flera gånger, lär nog tjuvkupan taga skeden i vacker hand sedan.

§. 2. Råttor.

Råttor skada bina i synnerhet om vintern, något om hösten, sällan om våren, men icke om sommaren. Om hösten då bina i kupan dragit sig samman, spejar råttan och går sakta på bottnen, där hon snappar upp några döda bin. Sedan går hon upp på sidorna inuti kupan, där det inte finns några bin och smakar på honungen under glad förhoppning att finna ett bekvämt och fördelaktigt näste över vintern för sig och de sina, där de inte bara har tillräckligt med föda och värme, utan också behaglig säkerhet för katten, som ej kommer åt dem här. Men om de vinner sin lycka här, blir kupan alldeles fördärvad, dels genom elak lukt, dels genom att förråden töms och vaxkakorna förstörs. Bina försöker själva förekomma denna olägenhet med ett segt vax, *Cera virginea*, som de fäster i flustret och vilket är ett *antidotum* mot råttor. Ty dessa har naturen givit goda tänder, som de är aktsamma om. Jag har aldrig sett råttor gå igenom ett slikt tillsmetat fluster.

Men eftersom ej alla bisamhällen tillsmeta sina fluster med vax och råttorna angripa bina, ofta innan de sätts i vinterkvarter, är det nödvändigt att sätta något i flustret som hindrar dem att komma in om nätterna, nämligen vid Michaelstiden. TY de bita ej ofta hål på kupan. Man kan ta en vass gren av rosenträ till detta, vilken råttorna ej gärna vidröra.

Skulle detta blivit försummat och råttorna kommit in så är tecknen därpå att de varit eller är inne, nämligen:

1. Huvuden är avbitna på några bin, som ligger på bottnen, då man med en liten kåpp undersöker den. 2. Att vaxbitar, större eller mindre än fiskfjäll ligga på bottnen. Man får skilja på de vaxfnas bina själva orsaka då de öppna boen eller piporna på sina fyllda vaxkakor. Är sommarbänken väl inrättad, händer ej denna skada. Enligt den lämnade beskrivningen på vinterbänken kan och bör inga råttor kunna komma upp dit. Endast om de redan finns i kupan när kupan flyttas dit.

Om det nu finns tecken på denna ohyra, så botas och hjälpes denna olägenhet med att man sakta öppnar kupan. Då upptäcker man strax råttor på bottnen eller deras bo, som ofta är nog så stort, eller också ser man råttor upp emellan vaxkakorna. Det är märkligt att, om man bär bort kupan som råttor finns i långt från bibänken och driver ut dem, så kommer de tillbaka i samma kupa, om man sätter tillbaka den. Därför är det nödvändigt att döda dem. Kupan har dock tagit men av att den oroats på detta sätt. *Inter duo mala, eligendum est minus.*

Är skadan redan skedd genom vårdslöshet och bina ändå lever om våren, skär man ut så många vaxkakor som man tror luktar råtta, så att bina kan bygga nytt istället.

§. 3. Getingar.

Getingarna gör ingen skada om våren, fast mindre om vintern, men om sommaren börjar de angripa dem och ju längre fram mot hösten desto mer.

Det finns flera olika slag, stora som hos kallas bålgetingar, smärre som är gula, kallas vispor och de minsta som är mörkare kallas halvungar.

De sist nämnda har jag aldrig sett angripa bina, trots att de är nog så mångfaldiga i sina bon om hösten, men de andra är mycket skadliga.

De stora eller bålgetingarna snappar upp bina, dels ute på marken, då bina är tunga av honung och tror sig säkra i sitt arbete, dels också framme vid kupan, där de som höken fångar hönor, snappar dem antingen på skjägget eller i luften. Man märker tecken på denna olägenhet, i synnerhet på binas läte och ställning. Ty de yttra då ett ynkligt pipande och ställer sig i en hop liksom till motvärn. Cap. 1. §. 2. Not. 23; 54;

Man har ingen svårighet att se dem komma fram när man hört detta låte. Men jag har aldrig sett dem gå in i någon kupa. Det är tillräckligt förtretligt att se dem snappa sina bin, men skadan är emellertid inte så betydande. Skadan är snart åtgärdad och botad. Ty en slik geting sätter sig vanligen på något löv, trä, tak, gren eller på jorden, där den plockar av vingar, ben på det fångade bytet. Sedan flyger den merendels rätt fram till sitt bo med rovet. Därför märker man lätt var boet finns, vilket sällan ligger långt bort, så det misslyckas sällan att hitta boet. Det bör ödeläggas med getingar och ungar, så att bina blir frälsta från denna olägenhet.

Men de mindre eller visporna är långt skadligare och svårare. Ty fastän dessa ej snappar bort bina, så går de in i kupan eller flocken helt fräckt när de fått vana, suger ut honungen och fördärva Visen om tillfälle ges. De hindra åtminstone bina och gör dem leda vid arbetet. De lämna kupan eller kakorna tomma på honung.

Det är märkligt att ej alla samhällen med vispor angriper bina, men får ett av dem den ovanan eller lyckas stjäla, kan det ensamt utdöda flera av de bästa kuporna. Bina kan så mycket mindre göra dem motstånd, eftersom visporna utom att de äga mer styrka än bin, dessutom är långt vigare och snabbare, så att man näppeligen hinner fästa ögat på dess flykt. Bina vill stundom uppmärksamma deras anfall, på samma sätt som när de oroas av de större getingarna, men ofta märker bina det ej själva förrän de är helt bestulna och fördärvade. Ty därför måste en biägare själv noga se till om slika ofta flyger in hos bina och om de stundom flyger in genom flustret. Jag utgår ifrån att de inte tar sig in på något annat ställe. Det händer ofta att flera bin få fatt på en vispa och döda den, men det gör varken från eller till, ty dessa öka sitt anfall med fler av sitt släkte. Jag har också sett när bin angripit en stor geting och bitit ihjäl den, dock kan den dessförinnan ha dödat 20 a 30 stycken bin, men de kan själva ej särskilt väl hjälpa sig från dessa svåra getingar eller vispor.

Botemedlet mot dessa är först och främst att man dödar så många getingar man kan om våren. Ty en enda geting kan bygga ett bo och föröka sig, så att dess avkomlingar kan räknas till tusental eller mer om hösten. Därefter att man dödar så många bon man kan om sommaren i trakten. De fästa dem ej alltid uti ihåliga träd utan stundom i jorden, på någon gren, under något tak, uppe på taken i torven, o.s.v. så att det ej är lätt att finna dem. Skulle detta säkraste sättet ej hjälpa, så sätter man några flugeglas eller buteljer på eller under bänken (man kan byta ställen). Dessa fylls till hälften med förskämd honung eller honungsvatten och surt dricka, eller vatten med någon ättika och honung i, så att getingarna av större eller mindre slaget gå dit och ej komma upp, i synnerhet om buteljen är väl krum. Dessa glas rensas när så erfordras och de kan brukas länge. Märkligt är att bina sällan går dit. Då jag ett år varseblev denna ohyra, fångade jag på ovan nämnda sätt emellan 1600 och 1800 getingar och mina bin blev oskadade, för vilka ett svårt öde annars förestått.

§. 4. Humlor.

Humlor kan också räknas till binas fiender, men de gör mindre skada, för de angrips lätteligen av bina själva. Om de än suga någon nektar från blomstren, så hindras de att gå in till bina om flustret görs lågt.

Ett slags baggar, som är blänkande och här kallas Guldsmeder, går in till bina om sommaren. Bina kan ej så lätt driva bort dem, eftersom de är försedda med ett tjockt skal, som ett harnesk, och de är dessutom mycket starkare. Men om flustret inrättas så att det ej är högt måste dessa baggar bli ute precis som humlorna.

§, 5. Bifjärilen.

Bifjärilen eller bimasken lär vara ett högst skadligt och fördärvligt *creatur* för bina. Den genomborrar kuporna, de väver in vaxkakorna med sina nät och fördärvar dem helt och gör dem obrukbara. Denna mask har jag dock aldrig sett. Emedan den dess bättre ej varit här på orten, torde min Läsare benådigt förlåta att jag ej mycket kan yttra med om den. Vågar dock helt ofullkomligt och gissningsvis anföra detta: Att de som andra fjärilar ha sina tillhåll på undangömda ställen, där det ej finns fri luft, så borde det vara anledningen till att de finns i så kallade bihus, antingen efter Trievalds eller Kockens *inventioner*, där det finns tjänliga gömmor för denna insekt från början, varefter den sedan tar hemvist i binas boninar, förmodligen helst i stockar som är gissnade, vilka också har vaxkakor fria från bin eller tomma rum., eller uti de så kallade Kockska bihusen, vars ytterhöljen borde vara bekväma för dem där de hitta något skrymsle där husen är sammanfogade. Värst är att den också genomborrar kuporna.

Skulle man märka att de lämnar träck som faller ner från deras väv, på bottnen, torde det ej vara annat att göra än att:

1. Dräpa dem.
2. Driva ut hela bisamhället ur kupan, så att alla gamla maskar och fjärilar, som finns i den, kan öde-

läggas och bina får en ledig väl rengjord kupa att bygga i, samt
3. Se till att den förvaras väl och skjötes enligt denna beskrivning. I synnerhet se till att flustren ej är höga, att kupan ej heller är större än nödvändigt.
4. Sätta ut ljus om nätterna eller kvällarna nära bina, då den som andra fjärilar förmodligen flyger omkring och där bränner sina vingar. Om det kommer ytterligare angrepp är det bäst att bära bort kupan till annan plats, som blivit renad från den.

§. 6. Myror.

Myror orsakar mycket hinder och fördärv för bina. De är av olika slag: stora röda, dito små samt svarta. De förra är ej så glupska som det sista slaget, vilka ha sina bon i jorden, under stenar, i ruttna träd och i flera slags orenligheter som i murket stängsel. Myrorna har en elak lukt, så att bina är rädda att röra dem. När de komma in i kupan i större mängd, ledsna bina och blir modfällda. De suger ut honungen, äta upp och fördärva binas ägg och ungar, De är så listiga att de enkelt går igenom kuporna på sidorna på flera håll. Får de minsta strå som räcker från marken upp till bänken, gå de upp, som om det vore en allmän landsväg,
Man märker deras angrepp om man lyfter upp kupan från bänken. Då finner man dem i stort antal

under kupans botten, särskilt om bänken varit övertäckt. Man undviker dem genom renlighet på och omkring bänken. Men man är hjälpt av hoarna, som bänkens fötter står i. De bör hållas fulla med vatten tills efter midsommar. Cap. 3. §. 3.

Man måste akta väl både att hoarna hålls rena och att det ej ligger strå i dem, ty eljest gå myror på dem över vattnet upp till kuporna Cap. 2. §. 3 och 5. §. 2

§. 7. Grodor.

Grodor hindra bina att svärma. De gå i gräset om kvällar och nätter i bihagen och söker efter döda eller nedfallna bin, som de äter upp. Ty därför bör bihagen hållas ren från gräs och alla grodor bör jagas iväg. Cap. 2. §. 2.
Jag har ofta undrat varför en svärmfärdig kupa dröjt med att svärma. Om aftonen har jag sett efter och funnit någon groda eller grodyngel nära kuporna på marken och kastat bort den. Följande dag har bina givit svärm. Cap. 1. §. 2. Not. 9.

§. 8. Baggar.

Små baggar till färgen gråspräckliga anföll en gång mina bin i Maj månad, varför bina blev modfällda. Orsaken var att mangården var nybyggd. Slika baggar kom året därpå i stort antal på väggarna och skadade både kött och torr fisk. Slutligen angrep de bina, vilket jag fann när jag lyfte på kuporna. Dessa gäster försvann hastigt när jag rökte in under kuporna med koträck.

§. 9 Tusenfotingar

Tusenfotingar har också sett krypa upp på kuporna, men vet ej att de gjort bina någon skada. När halmmattan lyfts bort har de försvunnit. Man kan för säkerhets skull döda dem då, likaså tvestjärtar. Om bibänken är rätt gjord kommer de ej upp.

§. 10. Spindlar.

Spindlar spinner sina nät framför flusterbrädan eller nära intill, men en uppmärksam hushållare röjer snart undan dem. De lägga sina ägg ovanpå kupan, vilka också tas bort. Om bina fastnar i deras nät kan de ej trassla sig ut och dör där, kommer de loss blir de mycket arga.

§.11. Fåglar.

Fåglar är ofta till stor olägenhet för bina, i synnerhet de så kallade talgoxarna och svalorna. Om hösten och vintern, ja, även om våren är de mycket näsvisa, de hacka på skjägget eller flustret, så att ett eller flera bin kommer ut. De blir uppsnappade och uppätna. De oroa bina om vintern genom sitt hårda bultande på skjägget, locka dem från deras samling varefter de strax stelnar och dör. Stundom förorsakar de hela bihopen att komma i rörelse och släppa vintertappen, vilket har nog svårighet med sig. De kan hindras från detta med hjälp av nätet som nämns i Cap. 2. 3.

Svalorna gör väl ingen skada om sommaren, men om hösten i slutet av Augusti månad flyger de ofta tillsammans ihop där bina har sin flykt. De snappar bina i flykten, suger ut honungen och äter upp en del. Bina är under denna tid tunga, så det är lätt för dessa snabba fåglar att få fast dem. Därför är det bäst att förstöra alla befintliga bon om sommaren. Då försvinna snart även dessa rövare.

§. 12 Visfall.

Visfall kallas det när Visen har kommit bort. Cap. 1. §. 1. Not. 1, 2. Orsaken här till ses i Cap. 2. §. 2. Det sker oftast strax efter svärmningen då han flyger ut. Cap. 1. §. 1. Not. 14; 15.

Tecken på detta är: 1. Först och främst att bina sorgset rusar sökande omkring. Detta varar endast 1 a 2 dagar. 2. Att arbetet avstannar. 3. Binas hårda brusande hörs ej när man bultar på skjägget. 4. De dödar inga drönare om hösten. 5. När de rökas med tobak eller annat, blir det ovanlig rörelse och don i kupan. Cap. 1. §. 2. Not. 4.

Bot mot detta är ej att följa Coleris råd och sätta ett genomborrat trä, som en pipa, mellan den och en annan kupa. Ty det medför endast att de Viselösa går över till det samhälle som har Vise, om pipan skulle vara för något för stor. Ej heller hjälper det att lägga en död uppskuren Vise i honung som Kock berättar, så att bina kan ta ut äggen ur dess buk och göra en levande vise. Jag fruktar att detta projekt vinner föga uppskattning från alla naturkunniga. De rådlösa bina lär ej heller vara så rådiga om det också vore möjligt.

Man kan undvika detta vid svärmningen om: 1. Man röjer undan allt som kan hindra visen att ta märke så att den hittar tillbaka då den flugit ut, för hans resa är mycket äventyrlig. Cap. 1. §. Not. 13; 25. 2. Det finns ren luft i kupan, nämligen så att hon inte blir våt.

En så äventyrlig sak botas dock ej på annat sätt än genom att en annan Vise sätts in i den Viselösa kupan. Cap. 1. §. 1 Not. 13; 14; 26. Denna nya Vise kan man få på flera sätt: 1. När en kupa skall svärma för andra eller tredje gången, hörs vanligen fler än en Vise ropa ka, ka, ka, ka, Så snart svärmningen skett, hör man efter om någon Vise fortfarande kallar. Hör man ingen och flera unga Visar hördes tidigare, kan man vara säker på att den utflugna svärmen har fler än en Vise. Cap. 6. §. 2.

Man kan då vid kupandet av svärmen, söka upp en Vise och 2 a 3 stycken värkbin, sätta dem under ett glas, som välves över dem. När svärmen är intagen fogas den erhållna Visen till den Visfallna kupan, så att den får hjälp. Det händer stundom att många Visar följer en eftersvärm, vilket märks på deras tidigare ropande eller kallande. Man gör då icke oslugt om man förvarar några för framtiden till-sammans med några bin. Dock ej mer än en Vise i varje rum, ty eljest döda de varandra. En slik kan behövas förr än man anar. Skulle det inte finnas mer än en Vise i svärmen, märks det snart av binas oroliga löpande. Cap. 1. §. Not. 55. De torde väl låta sig föra in i den nya kupan, fast Visen är dem fråntagen, men de visa snart att Visen är borta. 1. Med löpande av och an som om de sökte honom med största flit. 2. De tar ej märke på skjägget eller i luften när de flyga ut. Cap. 1. § 2. Not. 29. Under sådana omständigheter måste Visen lämnas tillbaka utan dröjsmål, men har svärmen en Vise så är det nog.

Skulle det i svärmen ej vara mer än en Vise, vilken man ej får ta bort, så torde någon vara kvar i den gamla kupan och som ropar ka, ka, ka, ka eller den gamla Visen som ropar ut, ut, ut. Därav kan man dra slutsatsen att en ung Vise fortfarande är kvar och antingen går ut med en svärm eller icke. Cap. 6. §. 3.

I det förra fallet kan man ta en sådan, i brist på annat råd, då bina så framt det ej finns flera Visar går till sin Fader igen, vilken då blir desto rikare och starkare till hösten. I det senare fallet hörs den gamla Visen ropa korr, korr med en ovanlig stämma, vilken betyder att han är vred på medregenten och tänker döda honom. Kan man då ta sig tid kan man få se den unga Visen utjagad av den gamla och komma ut på skjägget. Har man då en liten pinne att sätta för flustret så att han ej kommer tillbaka in, går han helt stilla omkring så att han lätt kan fångas och föras till den Viselösa kupan, som då får hjälp. Man måste dock se noga till att han verkligen går in i den Viselösa kupan.

Om inte heller detta lyckas, använder man den svagaste svärmen man har för att hjälpa den Visefallna kupan och det på följande sätt: Man ser noga efter hur mycket den lilla svärmen har byggt. Man mäter dess omkrets utanpå med en tråd eller ett band, tar likaledes mått på den Viselösa kupan. Därpå skär man först av den Viselösa kupans kakor jämt av i toppen sedan den lilla svärmens topp. Denna fästes över den Visefallna så att de bägge passas ihop det bästa man kan. Se Skissen lit, B.

Har den Viselösa kupan stått näst intill den lilla påsatta svärmen, flyttas den lite emot där svärmen stod, så att både svärmens bin och hennes egna säkert tar märke och hitta hem. Men har andra kupor stått emellan så måste nödvändigt den nu påökade kupan flyttas ¼ mil åtminstone. Annars flyga de flyttade bina till sin förra plats och förloras. Cap. 1. §. 2. Not. 29. På detta sätt bibehålles både den Viselösa kupan och den lilla svärmen, vilka bägge varit i fara att gå förlorade. De blir båda starka och betala omaket nästa sommar. Detta tillvägagångssätt kan man också betjäna sig av ifall någon kupa blir Visefallen om våren. Ty det kan oväntat hända den bästa kupa. *Mutatis mutandis.*

§.13. Kakfall

Kakfall eller skottfall kallas det när kakorna eller skotten lossnat och fallit ner på bottnen. Detta är så mycket svårare eftersom bina ej själva kan hjälpa sig och rätta upp det. Cap. 1. §. 2. Not. 50. Dock händer detta sällan eller jag vågar säga aldrig vid rätt skjötsel. Faller en kaka ner, så att den trycker ner den näst intill, kan det hända att bägges tyngd fäller den tredje o.s.v. till dess hela kupan är fördärvad. I stocken händer slikt ofta om vintern då fukten lossar vaxet från trät eller övre delen av stocken. Sker det i liggande stockar är allt fåfängt, i synnerhet om bina byggt på tvären (så kallade Ringbin) Cap 1. §. 2 Not. 14. Utan man måste i det fallet ta ut den ena kakan efter den andra till dess man kommer till den som fallit.

Genom vanskjötsel eller ovarsamhet kan detta hända även i kupor om sommaren på grund av värme, om hösten på grund av honungens tyngd, även vid ovarsamt skattande. Men alltid vid skattning samt när man flyttar dem, samt om bibänken eller kupan faller till marken och vid varjehanda hård hantering. En ung och rik kupa eller flock tål mindre än en gammal och fattig, innan hon får kakfall. När slikt händer, rusa bina ovanligt hårt och honungen syns gemenligen rinna ut. Bina sätter sig, särskilt på sommaren, i stora högar utanpå eller under kupan och är mycket arga.

Detta kan undvikas: 1. Om man i synnerhet om sommaren och hösten, då det är varmt håller kupan med halmmattor ordentligt täckt så att solen ej mjukar upp eller smälta vaxet. 2. Att man förser kuporna och krantsarna med nödvändiga korspinnar som omnämnas i Cap. 2. §. 1. En ombindning i var krants som visas i Skissen lit. T. M. 3. Att man varsamt lyfter den och skattar den. 4. Att man låter bli att röra den när väderleken är varm, helst om kupan är tung, 5. Ser till att bänkarna är stadiga och starka.

Skottfall kan på annat sätt ej botas än att det skott som fallit försiktigt tas ut, eftersom bina säkert snart bygger ett annat istället, om det är tidigt på sommaren. Men har det skett senare om hösten och fallet är totalt, är det bäst att driva bina in i en annan birik kupa, använda den till slakt eller göra en svärm, vilket skall läras ut i Cap. 8. §. 2

§.14. Hunger.

Hunger: när ett bisamhälle ej har tillräcklig vår- eller vinter föda. Orsakerna till detta är oblid väderlek om hösten, i synnerhet i Augusti och September månader, då ljung och Bovete stå i blom; för sen svärmning; för stor eller för liten kupa eller våningsrum; eller också angrepp från någon av nyss nämnda fiender till Bina.

Tecken på hunger kan man om våren och sommaren lätt märka, ty först släpa bina ut de minsta ungarna, sedan de större drar mindre, flyga matt och slutligen falla ned både på botten och på marken, när de försöka flyga.

Så länge en ung svärm har tillräckligt med föda, sitter vanligtvis hela biklasen mest nedanför kakorna om sommaren och arbetstiden, men hindras de av väderleken att dra och hungern tilltar, går de upp i kakorna och bygger ej så länge hungern varar.

Det är en svår sjukdom att förebygga och bota, ty om Gud ej vill giva, så kan intet kreatur taga.

Jag bör dock anföra här så mycket jag vet om hur man hjälper och botar denna sjuka. När en svärm är nyligen inkommen uti en ny kupa eller flock och regn väder infaller, som fortsätter 6 a 8 dagar eller mera, kan den ej uthärda utan försvagas och dö. Därför är det nödvändigt att ha någon honung tillhands att ge dessa nybyggare. Att lägga in en honungskaka på botten är bekvämast. Då lyfter man lite på kupan eller också kan man ösa lite lagom tjock honung på botten att styrka bina med och sedan sätta in en tallrik med honung på bottnen, på vilken man strör lite gräs eller små strån så att bina inte drunknar i honungen. Detta uträttas bäst en afton, efter det att de andra bina slutat arbeta eller också då regnvädret fortsätter på dagen. Om hungern inte minskar efter detta så kan man även ge dem vid behagligare väder, under förutsättning att man tillsmetar kupan meddetsamma efter att den blivit öppnad. Flustret lämnas öppet.

Det händer stundom att en gammal kupa också lider av hunger vid flera olika tidpunkter: Är det under sommaren eller våren kan man lägga kull en sådan och ösa 1 a 2 matskedar på kakorna så att honungen rinner in i skotten. Kupan reses sedan och tillsmetas.

Somliga år hinner ej en del kupor dra in tillräckligt med vinterfoder, men då kan man inte förvänta sig så säker hjälp. Ty att ge dem vinterkost enligt Trievalds föreskrifter gagnar sällan utan ordspråket besannas: Vad som kommer lätt, lätt förgås. Bina äta då för mycket, sjukna och dö. Det hade varit bättre att i ett sådant fall hellre slakta en slik kupa. Något råd häremot torde dock finnas till biägarens nöje i Cap. 8.

Men har kupan 7 a 8 marker honung kan man ge bina en god måltid om sena hösten, som de kan tära på en tid. Sedan får man hjälpa en slik kupa om våren som sägs i Cap. 5. §. 1.

Bästa sättet att föda en fattig bikupa om våren om hon står för sig själv och där det inte finns andra bin, är att lägga några honungskakor i en tom kupa och på bänken vänja bina dit med en sticka som doppas i honung. När bina satt sig på den, lyfter man sakta på den och lägger den på den tomma kupans skjägg. Man gör detta 2 a 3 gånger så att bina märker att där finns honung. Då de sedan själva flyger dit, som om de skulle stjäla, dra de nödig föda och blir pigga och kvicka. Dock kan man förvänta sig att slikt bekymmer sällan behövs när bina åtnjuta tillbörlig skjötsel och väderleken om hösten ej är allt för svår.

§. 15. Binas rörelse i otid

En olägenhet torde det här vara rimligt att fundera över, nämligen varför unga svärmar, som ej är fullbyggda, dö bort om vintern och ändå lämna mycken honung efter sig.

Orsaken är ej alltid en enda härtill. De flesta orsaker till en slik olägenhet torde vara: Antingen att för mycket ljus finns i kupan; att kakorna är tokigt byggda av en dåraktig och ung byggmästare; att det smäller i kupan av frost; att luften i kupan orsakat för mycket köld så att bina varit tvungna att krypa alldeles för tätt ihop och i ändringen av vädret blivit för varma och nödgats skiljas åt och då ätit för mycket och därav släppt vintertappen, kanske på stället där de haft sitt tillhåll. Elak lukt har då uppkommit i kupan som bina inte tålt, särskilt inte Visen.

En slik kupa måste därför vårdas omsorgsfullt: 1. Man bör ej ta en kupa som är för vid i toppen till en eftersvärm. 2. Man bör hellre ta en för liten än en för stor kupa till en slik. 3. Man bör se till att en sådan svärm inte har för stort fluster om vintern utan endast ett litet lufthål och ringa ljus. 4. Att hon är försedd men en halmmatta. 5. Att hon på intet sätt får oroas genom bultande varken av fåglar eller annat.

§.16. Slaktande av kupa.

Att slakta en kupa är väl det enklaste sättet att komma åt honungen på en gång. Det kan utföras på flera sätt:

1. Med dränkande. Man doppar hela kupan i vatten, låter henne stå under vatten efter behag till dess hon är död. Men eftersom de tåla vatten länge så är det ej säkert att man får ut honungen utan att bli mycket stucken. Dessutom har sällan eller rättare sagt aldrig alla vaxkakor lock och innehålla ändå honung, vilken förloras eller blandas upp.

2. Sönderstötande brukas på somliga orter, mest där stående stockar användes och sker på det sättet att de öppnar den övre bottnen och stöta sönder vax, bin och honung ihop med en kärnstav. Sedan vräker de allt i en kittel för att smältas. Men dels får de en skämd honung, ty kokad honung är fördärvad. Vingar och binas halva kroppar finns kvar i honungen som oaktat den silas gör honungen osmaklig, ohygglig och mindre begärlig. Man mister också en del vax som ej så lätt avskiljs från honungen.

3. Rökande: Man svavlar en tjock tråd, sätter eld på den och för in den igenom flustret varpå alla bina faller ner på några minuter. Cap. 1. §. Not. 47. Skulle bina vid nedfallet släcka tråden tar man ut den och sätter fyr på den igen. När man sedan skakat kupan, finns ej många bin kvar. Låter man kupan ligga öppen 1 a 2 timmar, försvinner all svavel-

lukt och man vinner sitt ändamål. Detta kanske är det bästa sättet att slakta bin. Om hur man sedan tar tillvara honungen ses Cap. 9.

Men eljest är allt slaktande ofrånkomligen skadligt, såväl för det allmänna som för var och en biägare i synnerhet, särskilt så länge det finns brist på bin i riket. Man påstår på många orter att bin ej leva mer än 3 a 4 år i kupor. Därför anses det nödvändigt att slakta var fjärde år. Men om ett bi inte skulle leva mer än ett år, vilket jag vill hålla för troligt, så ser man att bisamhällen i stockar kan leva 20 a 30 år och låter vara osagt hur länge bin levat i Lunds Domkyrkomur. Undrar hur mycket över hundra år? Vad är det som hindrar då att de ej så länge kan leva i en kupa? Och vad är då orsaken till att de så länge levat i Lunds Domkyrkomur? Jo, på det förra svaras att i ett så litet rum som kupan är, blir skottet svart av svett, igengrott av hinnor som varit runt ungarna och därav obrukbart. På det senare svaras att det är gott om utrymme i muren och att råttor förtärt en del honungsskott och att en del årligen lossnat och fallit ned, varför bina varje år fått bygga nya skott som bina kunnat använda. Men att råttor ej ätit upp all deras vinterkost och orsakat elak lukt hos bina så att de dött därav, är att tillskriva försynen. Emellertid förstår man tydligt härav att ett bisamhälle som har tillräcklig föda och rum att sätta nya vaxkakor kan leva riktigt länge. Och att slaktande av fruktan att de annars dö av ålder när de skötas på rätt sätt, är utan grund.

Genom slaktandet förminskas bisamhällenas antal. Till en del har detta varit orsaken, åtminstone bidragit till vår stora brist på bin och att vi utan detta sluppit en stor och årlig utgift för honung och vax. Jag medger gärna att fler orsaker har bidragit härtill, såsom okunnighet om binas rätta skjötsel och ett oförnuftigt skattande som både minskat antalet bisamhällen och gjort en biägares tillsyn mindre fruktbar och gagnelig.
En biägare kunde hellre sälja en del bin än att nöja sig med det mindre lönande mördandet.

Slaktande bör således anses för skadligt, eftersom en kupa mer förnuftigt kan skattas så att dess skott ej blir för gamla och dess bisamhälle aldrig dör av ålder, vilket skall visas i Cap. 7 och 8.

En kupa kan, om den får leva, gagna sin ägare mycket under 20 år, om den skjöts rätt.
Jag vet inte antalet kupor som slaktas varje år. Det utgör förmodligen ett stort antal. Tänk om dessa kupor hade blivit rätt skötta under 20 års tid och årligen ökat sig och fördubblats. Hur liten skulle vår brist på bin varit då?

Att allt för många bin ej får tillräcklig föda och kunna trivas på ett ställe, är säkert orsaken till att de antingen måste slaktas eller säljas. Men om säljandet till nästans förmån sattes före slaktandet så skulle hela riket inom några år, genom Guds nåd, slippa den årliga utgiften och varje hushåll själv ha tillräckligt av så fördelaktiga varor som vax och honung är.

Kanske skulle det ej heller löna mödan att lämna ut bin till halfnad om man istället för slaktandet kunde få hela vinsten och biantalet på samma gång utökades både till egen och andras nytta? I synnerhet då om den okunnige härigenom blir underrättad om biskjötseln.

För att ingen på grund av detta skall tänka att biskjötslen är mycket besvärlig och vidlyftig skall jag här beskriva vad som bör göras och vad man bör tänka på för varje månad, så att var och en själv kan finna det i dessa Capitel. Jag lämnar dock svärmningen åt ett eget Capitel.

Cap. 5. Krav på skjötsel var månad.

§. 1 Mars och April

Förbereda binas arbete alltefter som våren infinner sig förr eller senare. När Is och Snö är borta, släpps bina ut. Många gamla biägare ha brukat Vårfrudagen som *terminus fixus* för utsläppandet, men stundom vill de ut 2 a 3 veckor tidigare, stundom senare. Cap. 1.§.1. Not 10; 11; 59-61. Ju längre de kan förmås att bli inne desto bättre, dock få de ej med tvång eller våld förmås till detta. Ty om de täppas inne kan den bästa kupa därigenom fördärvas. Cap. 1. §. Not. 6; 63.

Om man lägger is och snö under vinterbänken och se till att flustret ligger något i mörker, bidrar till deras stillasittande. Cap. 1. §. 2. Not 10; 67.

Om detta ej hjälper, vare sig det är i Mars eller April, och väderleken är behaglig, snö och is är borta och bina börjar rusa hårt inne i kupan och komma i rörelse, så att något bi flyger ut och tar märke på flustret där de stå på vinterbänken, då är det tid att flytta kuporna till sommarbänken och det ställe de skall ha hela sommaren. Cap. 2. §. 3.

Kommer de ut för tidigt om våren, finns det inget att dra på och förråden töms, bina faller ned i den kalla luften på is och snö. De blir färre och försvagas, vänjer sig vid röveri o.s.v.

Tvingas de bli kvar i kupan, släpper de vintertappen så att det blir elak lukt i kupan och det kan bli Visfall och de dör i stort antal. Cap. 1. §. 2. Not.29; 37.

Nu fodras noga tillsyn. En fattig eller svag kupa har ej så stor värme hos sig som en rik och bistark. Följaktligen har den inte så bråttom att ge sig ut.

Somliga år finns det inga problem, nämligen då snö och is töat bort med regn. Men har den töat av solens värme förstår man det fördelaktiga med att vinterbänken står i skugga.

Innan bina släpps ut ser man över sommarbänkarna som lagas. Cap. 2. §. 3.

Skulle något bisamhälle komma i stark rörelse innan snö och is är borta, antingen genom värmen; att de är mycket bistarka eller att fåglar oroat dem på vinterbänken och väderleken ej tillåter en flytt till sommarbänken, då lyfts den sakta ned i skuggan, sätts på snö, is eller marken och överhöljes med ett kläde som orsakar mörker. Då kyls bina ner och får behag för stillasittande. Om detta ej hjälper, vilket är tecken på att den är mycket bistark, då öppnas hon på bottnen och man sätter en krans utan botten på marken. Sedan lyfts kupan upp på krantsen och bina kommer säkert att hålla sig lugna. När hon har stått så en dag, eller mindre, till dess den tystnar, lyfter man tillbaka den upp på bottnen som står på vinterbänken och höljer över den så den har det mörkt. Man lägger också lite is på skjägget. Cap. 1. §. 2. Not. 11.

När flyttningen sker sätter man kuporna på det ställe de skall stå om sommaren. Helst där den stod sommaren innan, ty somliga bin har så starkt minne att de kommer ihåg förra årets ställe. Cap. 1. §. 2. Not. 80; §. 1. Not. 15.

Det är bra både för bina och ägaren om väderleken är bra den första dagen annars omkommer många av de svagare bina.

När bina nu flyttas till sommarbänken är det nödvändigt att öppna kupan från bottnen, rensa bort de döda bina och annan orenlighet, som finns på bottnen. Dessa bör dock ej bli liggande bredvid kuporna, eftersom fåglar kan lockas dit, förutom att bina själva älskar renlighet. Kuporna tillsmetas sedan väl. Cap. 4. §. 1.

Sedan sätter man på halmmattan, som inte får vara så tjock som på vinterbänken, dock så tät att regn ej går igenom. Man skär upp halmen framför flustret så att solen kan skina därpå. Halmmattan binds fast med en gjord eller annat band.

När solen börjar värma på kupan mellan 9 och 11 på dagen, kommer bina ut till stort antal. Deras stämma och röst är mycket glättig över att vintern är överstånden och den ljuva vårens annalkande. De flyger i cirklar i luften och tar märke var de är hemma, lämna vintertappen mest i flykten eller sätta sig på jorden eller annorstädes. De försäkra sin ägare om all flit hela sommaren igenom.

Ju bistarkare kupa desto förr beger sig bina ut den dagen de blir flyttade och desto längre flyger de den dagen.
Om det fortfarande finns några döda bin liggande på bottnen, drar de ut dem, vilket betyder att Visen är kvar och vid liv. Detta bekräftas än mer andra dagen och framgent, när vädret är tjänligt, av fotningar eller pollen, som de har på benen, fast i början föga. De får dessa fotningar av ragget eller hanblomstren av hassel eller al, *Tussilago*, rågblomman, *Galantus* etc. Not 31. Ja, ofta på kolstybb och smetstockar eller brända stubbar som kan finnas i vedstaplar m.m.

I början finns det sällan tillräckligt med dragämnen. Då är det ej underligt att de, efter att förgäves sökt sin vinning i skog och på äng, försöker stjäla från varandra. Därför ser man till att kuporna är väl tillsmetade och att flustren ej är vidare än som behövs; ock framför allt att bottnarna är täta så att ej de många ivriga bina finner tillfälle att gå in. Här kan också nämnas som angeläget att om några bottnar blivit utökade eller lagade över vintern och nu blivit gistna eller skeva, är det säkrast att byta bottnar så att de får hela bottnar. Cap. 4. §. 1.

Vid denna tid ger man bina följande medikament för att de skall få bättre styrka och som gör dem muntra till arbete och hurtiga att försvara sig mot fiender. Cap. 4. §. 1:

Man tar något Muscat- eller Spanskt vin, som är gott. Häri lägger man några stötta nejlikor, lite kamfer, muskotblomma, muskot, kanel, ingefära, långpeppar lika mycket av varje. Dessa kryddor får stå ett dygn i vinet, efter att de blivit stötta, vinet silas och blandas med honung så att den blir lagom tjock. Sedan ger man bina detta. Cap. 6. §. 15.

Hoarna i vilka bibänkens fötter stå, hålles ständigt rena och fulla med vatten om man märker att det finns myror. Cap. 2 & Cap. 6. §. 6.

Råttor behöver man nu inte vara rädd för såvida kuporna inte stå i hus. Så dödas nu så många getingar man träffar på.

Det händer stundom att en kupa svärma i April månad och hela menigheten går ut. Orsaken härtill lär vara antingen att all föda är truten eller att elak lukt finns i kupan. Bägge orsakerna kan ibland förekomma på samma gång. När dess utflugna bin satt sig, öppnas denna kupa och man ser efter orsaken varefter bina inkupas. Är det på grund av hunger sätter man in 3 a 4 marker honung så att bina ej bara får till stunden utan att de få dra upp en del i vaxkakorna så att de sedan väl börja arbeta. Är det på grund av dålig lukt, bryter man ut de svartaste kakorna innan bina krypa in och man lämnar endast några få goda kvar.

Om vintertappen ha hamnat vid sidan inuti kupan, skrapas den ändå bort så väl som det någonsin går: då kommer bina att bli kvar.

Om kupan blivit våt på grund av någon oduglig halmmatta under vintern och dragit till sig syra, som fått den att lukta elakt, måste man använda en annan kupa och kasta den odugliga. Man tar då helst en kupa som bin varit i förut och eftersom bina ej samla honung förrän apeln blommar, får man ej glömma att ge dem daglig föda, så att hon sedan väl försörjer sig själv. De fotningar som de dra, är ej tillräckliga på långt när till deras underhåll och föda denna tiden.

Skulle man finna någon annan bikupa som är utfattig, såsom ses av Cap. 4. §. 14 ger man även den. Dock måste det ske med mycken aktsamhet så att ej andra bin får anledning att dela med dem.

Man ger dem ej mer än nöden fodrar. Cap. 4. §.14.

Det händer att biägaren får brist på honung att ge sina bin som nu står i fara. Då kan sockersirap brukas, god vört och lönnsaft kan nyttjas i nödfall, liksom takhalm kan ges till kreaturen i brist på vallhö, endast för att upprätthålla livet med, Med rätt skjötsel torde detta ej vara behövligt varken för bina själva eller för biägaren.

§. 2.
Maj månad

Maj månad kräver för det mesta samma uppmärksamhet som de två föregående månaderna.

Myror vill nu gärna komma upp och har man försökt att förebygga denna ohyra genom att stryka bibänkens fötter med krita, med fiskrens eller strö aska runt bibänken har detta säkert varit fruktlöst och utan verkan. Hålles däremot vattenhoarna rena och ständigt fyllda med vatten så är detta säkert och man dessutom aktar på att ej strå från kupan tjäna myrorna från marken till bänken. Cap. 4. §. 6

Det sägs vara gott att i maj månads början ge bina fårmjölk. Detta har jag dock ej sett dem ha någon särskild förmån av eller påskyndat svärmningen. Men om något bisamhälle ses vara trögare eller latare och liksom sjukna, rökas det med fårgödsel, som fallit om sommaren och torkats. Man kan också lägga omkull en sådan kupa, öppna bottnen och låta solen skina på den. Då få bina dels frisk luft, dels torkar kupan också utifall någon vätska av svettning eller annat orsakade binas tröghet. Hon får emellertid inte ligga öppen länge, ej heller i blåsväder. Sedan tillsmetas den väl och ställs upp. Den kan också få någon av de i föregående § omnämnda *medikament* eller *praeserativ*.

I mitten av denna månad ungefär, börjar drönare att bli synliga som tecken på att bina snart är färdiga att svärma. De synas mest mellan kl. 11 och 2, sällan före eller senare på dagen. De är i början ej många till antalet.

Om bina verkar vara något trögare i slutet av denna månad är det ej att undra på. Det lär bero på den myckenhet ungar som nu blivit tillverkade och behöva binas mera närmande och skjötsel i kupan.

Stundom händer att bina svärma i denna månad. Tecken på detta anförs i nästa Capitel. §. 2

Man ser nu efter att spindlar ej hindra bina Cap. 4. §. 10. Ej heller de små baggar som omnämnas i §. 8 ej heller bifjärilen §. 5 och att bigården hålles ren från gräs §. 7.

Den som ej har sina bin i trädgården, sätter nu upp enruskor, som liknar störar vars topp är okvistad. Man spettar hål i marken så att de lätt kan sättas ned och tas upp utan att skakas när en svärm sätter sig.

§. 3.
Juni månad

Denna månad är den som regel vanligaste svärmningsmånaden. Det beror dock mycket på väderleken och skjötslen om den sker förr eller senare, Sommaren skyndar ej heller lika varje år och därefter rätta sig ock bina. Ju starkare och hurtigare en kupa är desto fortare ger den svärmar. Cap. 7. §. 4; 5. och Cap. 8. §. 2.

Nu ser man till att grodor ej hålla sig nära intill bänken.

§.4.

Juli månad

Bina svärmar också i denna månad, men den kupa som svärmar sent på året blir vanligen svag till hösten. Jag säger vanligen, ty det beror mycket på om väderleken blir tjänlig för binas arbete, i synnerhet i Augusti månad. Blir en svärm utsatt för hunger, har den länge skada därav. Har den dessutom tillkommit sent klarar den sig näppeligen utan förloras. Cap. 6; Cap. 1. §. 2. Not. 32. Jag kallar det sent om den tillkommer 2 a 3 veckor efter midsommar.

Om myror tidigare inte fått vana på bina, brukar de sällan anfalla dem efter denna tid. Man sätter ut buteljer för getingar om de nu syns till. Man ser även efter om någon kupa blir Visfallen.

§. 5

Augusti månad

De kupor som ej svärmar och nu börjar bli starka ökas med krantsar nedtill. Cap. 1. §. 2. Not. 75 Man ökar även de första svärmarna när de är fullbyggda vilket syns genom att bina sitter utanför. De gamla kuporna ökas så fort det behövs om de skall skattas, men vill man enligt med Cap 8. §. 2 öka kupornas antal sätts kupan ovanpå. Hela tiden fångas getingar.

I denna månad sker binas förnämsta honungssamlande. Blir den behaglig till väderleken får man rika bin och tvärt om.

§. 6
September månad

Nu upphör det mesta arbetet och dragningstiden. När frosten fallit drar bina föga honung, åtminstone ej på ljungen. Jag vet inte om bovetet tål så litet. Men det alstras en myckenhet ungar även efter denna tiden.

Nu är det tid för skattning. Flustret görs mindre när bina slutar dra, ty tjuvbin lär ej sluta när draget upphör. Getingar kan komma ända till dess det blir vinter, om de fått vana på bina. Cap. 7. & 8.

Nu ser man till att kuporna har dugliga halmmattor då stundande regnväder kan göra dem blöta och skada.

§. 7

Oktober månad

Nu röker man bina med torkat koträck, som tidigare sagts, men ej för hårt. Den som fallit vid midsommar är bäst. Den torkas vid foten av en vägg och förvaras hela året. Rökandet är *praeservativt* för bina. Cap. 1. §. 2. Not 8.

§. 8.

November månad

Denna månad gör slut på binas arbete och då tillagas vinterbänken enligt Cap. 1.

I slutet av denna månad, då snö och oväder infinner sig, inrättas bina och sätts på vinterbänken. Man sveper in dem i nät och tjocka halmmattor mot regn och snö.

Man binder om dem med bast eller snöre så att halmen sitter hårt åt så att bina kunna gå ut genom flustret men ej längre än på skjägget. Flustret står öppet hela vintern. Att man binder halmen hindrar ej frisk luft men hindrar både ljus, snö och blåst som ju skada bina.

När allt detta är gjort, vilket helst sker i svårt väder då bina sitta stilla eller mot aftonen. Sedan behöva bina ej mer skjötsel under hela vintertiden ända till våren kommer.

Var och en kan härav se att biskjötsel ej är svår, ej kostsam eller mödosam och lönar sig rikeligen förutom det ovanliga nöje hon dagligen och stundeligen tillfogar sin idkare.

Sjätte Capitlet

Om svärmningen

§. 1.

Den egentliga orsaken till binas svärmande är nog så svår att besvara. Brist på utrymme är ej enda orsaken varför de svärma. Ty ofta händer det att en stånds-eller liggestock som ej ens är halvbyggd kan svärma, fast sällan i kupor. När en kupa svärmat 1 a 2 gånger, fattas det ej utrymme, ändå kan den svärma 3, 4 eller 5 gånger.

Stundom svärmar en kupa som är tämligen bifattig en enda liten svärm, som väl behövts kvar hos den gamle. Många kupor är mycket birika, men ger emellertid ingen svärm det året. Härav kan man se att de inte alltid svärma i brist på utrymme. Men jag nekar inte till att för stort rum hindrar dem att svärma.

De svärma när en ny Vise framkläckts och som fått befälet över en skara värkbin, så vida de av andra orsaker ej svärma. Orsaken måste förmodligen finnas hos Visen. En hurtig och frisk Vise har gärna sådana bin. Cap. 1. §. 1. Not 27. Ju hurtigare Vise ju starkare *commando* och ju flitigare arbetare i kupan. Ju flitigare Vise ju flera ungar tillverkas och desto fortare *resolution* till svärmning.

Om våren arbeta bina en tid med att göra iordning vaxkakorna och sedan bina en gång gjort det arbetet klart d.v.s. gått igenom vaxkakorna gör de det ännu en gång. Sedan sker svärmningen.

Nu kan Visen av någon oklar anledning, då kupan eller helst flocken är föga mer än halvbyggd och han inte hunnit med sin första omgång, eller blotta reparation, gå upp och börja andra omgången. Då även förmodligen Viságg blir lagt. Härav sker att han lämnar svärm innan hans visthus ännu på långt när är färdigbyggt.

Men merendels går han första gången till botten av sitt visthus innan han ånyo börjar och då han andra gången slutat sitt arbete eller omgång, svärmar kupan. Härvid hörs bina hela tiden arbeta och riva i kupan, där deras arbetsplats är, men man hör inget 1 a 2 kvällar innan de svärmar första gången, vilket jag anser som bevis för att andra omgången är avslutad och ett tecken på att en svärm snart väntas.

Men svärmningen kan också hindras av flera orsaker: 1. För stor kupa så att bina ej hinner med sina två omgångar innan tillfället passerat, ty köld hindrar binas förökelse, men i en stor och om än de äro färdiga, har unga Visen bättre möjlighet att gömma sig för den gamle, då han efterjagas. 2. Mulen eller kylig väderlek. 3 Grodor om de ligga nära bibänken. 4. Blåst och regn är ofta hinder, i synnerhet åskregn och dunder.

§. 2.

Förutom de skäl som nämnts är följande tecken på att en svärm snart väntas. Försvärmen har sina tecken och eftersvärmen sina egna. Försvärmen har dessa tecken:

1. Att drönare visa sig mitt på dagen. Somliga kupor framställa dessa 3 veckor, andra 2 veckor och en del bara några dagar innan svärmningen.
2. Att bina i kupan synas bli mycket manstarka.
3. Att kupan blir ovanligt tung.
4. Att bina får ont om utrymme.

5. Att bina hänga i stora klumpar utanför flustret i flera dagar, så att man kan tycka att de utgör halva svärmen. Ibland hänger de ej ute. Det förra orsakas av att den unga Visen ännu ej är färdig. Dröjsmålet orsakar att förrådet töms, ty de bin som skall lämna är ej så angelägna att arbeta i det bo de snart skall lämna.

6. Att blomsterbina blir synliga.

7. En eller 2 kvällar innan de svärmar, rusar och donar samhället vid solens nedgång ovanligt hårt.

8. En eller 2 kvällar innan de svärma upphör deras krafsande inne i kupan, vilket annars alltid hörs.

Den dagen de ska svärma visar de ej alltid tecken, utan ibland är de mer oroliga, löper ut och in fortare än vanligt. Ibland sitter de mer still än vanligt; ofta visar de sig tidigt om morgonen sysselsatta, men saktar sig mer och mer till dess de är färdiga att svärma. Vanligen blir den hop som hängt ute mindre den dagen eller kvällen förut.

Den som umgås något med bin förstår bättre av övning själv när de teckna sig till svärmning än någon kan beskriva. Och den som är ovan må ej vara för säker förrän han sett tydligt tecken på att de ej vilja svärma, nämligen när de hata drönare. Ty de svärma stundom när man minst anar det; ofta uti regn, ofta mellan regnskurar, ibland bittida kl. 7 a 8 på förmiddagen; ibland mellan kl. 6 a 7 på aftonen, fast merendels mellan 9 a 10 om dagen, allra mest kl. 12 på dagen.

Försvärm kallar jag den första svärmen som en kupa ger om året. De andra kallas sen- eller eftersvärmar och de ha andra tecken till sin ankomst, nämligen: att den gamle Visen ger sig tillkänna med ett besynnerligt ropande och fint ljud ut, ut, ut, ut, o.s.v., som tydligt kan höras, i början alldeles intill kupan i slutet 16 a 20 steg ifrån kupan. Emot detta svarar den unge Visen med ett grövre och lägre ljud ka, ka, ka, ka, etc. Ofta hör man flera Visar svara så. När detta hörs, är det tecken på att kupan snart skall svärma. Man kan sedan inte vara säker någon dag, fast Visarna kalla vanligen till svärm mest 2 a 3, ofta 6 a 7 dagar därefter. Ju närmare till svärmning ju högre och flitigare ropa och mana Visarna till avskedstagande.

§. 3.

Emellan första och andra svärmen är det vanligen 14 dagar, ofta mindre, sällan mer. Om Visen dröjer med sitt kallande över 14 dagar efter första svärmen, blir det knappt någon mer svärm det året.

Varför Visen ej ropar ut, ut, ut vid första svärmningen vet man ej, utan det är dess natur.

Naturligtvis går unga Visar ut med svärmen och den gamle blir kvar. Men om den unge Visen är starkare följer den gamle med svärmen. Då blir svärmen starkare och större.

Om Visen, som var ämnad till första svärmen, blir dödad för sin olydnad mot sin fader eller eljest omkommer vid svärmandet och svärmen går tillbaka; eller den anses oduglig, då manas en annan Vise med ut till denna svärm. Detta händer dock sällan. Eller om bägge, försvärmen och eftersvärmen båda är färdiga, hör man även detta ropandet ut, ut, ut, ka, ka, ka innan kupan svärmat en enda gång.

Om kupan ämnar svärma för tredje gången, väntar de inte med kallandet, utan Visens ropande hörs samma dag och afton, ja, samma stund då andra svärmen utgått.

Likaså vid fjärde och femte svärmen. Avstanna Visarna med ropandet så blir det inget mer svärmande det året. Med avstanna menar jag ej att de gör uppehåll några minuter, utan att de upphör med kallandet en halv eller ett helt dygn.

Med en försvärm är sällan eller aldrig mer än en Vise i följe, men med sen- eller eftersvärmar är de ofta flera, vilket märks av deras ropande innan svärmningen, nämligen hur många ropa ka, ka, och om flera med den rösten är kvar, sedan svärmen är utflugen kan väl förstås.

När svärmen går ut, har man ej större orsak att söka Visen bland de första än bland de sista bina, ty jag har sett honom stundom bland de första stundom bland de sista och stundom bland de mellersta. Man kan merendels avgöra om han är ute eller inne genom att se hur bina flyger ut. Ty så snart han är utflugen rusar bina ut fortare än om han är inne. De som svärmar håller sig mitt för skjägget, närmare kupan om han är inne, än om han är ute. Om man väntar kan det väl sällan fela, att man får se Visen komma ut.

Han går ofta på skjägget under svärmandet och vänder sig om innan han flyger upp. Ofta vill han också gå tillbaka. Då har jag ofta hindrat honom och med en pinne förmått honom att göra sin menighet följe.

§. 4.

När svärmningen skall börja skynda bina ut ur kupan med en förundransvärd färdighet. De flyger av och an i luften framför kupan, skjägget och bigården så at det ser ut som om det snöade och bina har högre röst än eljest.

Då bör inget ringande med bjällror, mortlar eller dylikt brukas utan svärmen skall ha fritt svängrum och ingen bör gå i vägen.

En Vise sätter sig ej bland de första, utan vanligen då hälften av svärmen satt sig. Ofta tröttnar han och sätter sig ensam på en kvist eller marken, i vilket fall han snart kunde trampas ihjäl av oaktsamt folk.

Stundom är han så svag att han faller ned på marken vid svärmningen och då håller sig bina i den flygande svärmen nära kupan. Därför bör man noga se efter om han i så fall kan tas upp och antingen bäras till svärmen om den satt eller repat sig eller också sättas i den kupa svärmen senare skall inhysas i. Denna kupa håller man öppen nära den flygande svärmen, vilken då snart kommer till sin Vise. Och när en stor del kommit in i kupan sätter man henne på bottnen varpå de övriga bina som hör till svärmen samla sig dit. Sedan kan man sätta denna nya kupa på sin rätta plats på sommarbänken, där allt vidare omak förebyggts.

Kan Visen flyga är han så mån om att komma till sin menighet och finner lika stor håg till att leda den som menigheten till att lyda honom.

Man behöver ej vara rädd för att svärmen breder ut sig i luften, för då söker den ställe och tillfälle att sätta sig. När bina sett ut ett ställe börja de mer och mer att repa sig till dess de satt sig uti en klump så stor som ¼ eller ½ eller hel skjäppa, allt som svärmen är stor till.

§.5.

Det händer sällan att en svärm flyger bort innan den satt sig. Så framt han finner något ställe där till. Cap.1. §. 2. Not 40; 42 Men ju sämre bina skjötas desto besvärligare är de vid svärmningen att rymma.

Har nu svärmen satt sig så att allenast få bin flyga omkring tar man in den så snabbt man kan. Man gör det allt efter omständigheterna: 1. Man skyddar den för solen. 2 Man ser efter om svärmen är stor eller liten och anpassar storleken på kupan. Man putsar och gnider inuti denna kupa så att ingen orenlighet eller spindelväv finns i den. Kan man också gnida in den överst i toppen med vax från skott där ungar bott, så är det mycket bättre.

Har svärmen satts sig på en trädstam eller ett plank, gärdesgård eller dylikt håller man kupan intill den och med en tjänlig sked öser man försiktigt så fulla skedar med bin in i kupan man kan, utan att skaka eller krama bina. När man öser i bina vänder man öppningen från solen. Den övre delen eller toppen på kupan hålles något uppåt. En person håller kupan och en annan öser bina. Kupans fot håller man intill trädet eller planket nära svärmen så att bina själva kan löpa upp i kupan. Har man sett Visen och den är inne, löpa bina in fortare själva. Då man ser detta låter man de flesta gå in, sätter kupan på bottnen och med en kvast av gräs eller löv sopar man av bina från planket, eftersom de själva strax flyga in till sin menighet.

Man önskar vid det tillfället att få se Visen innan han tas in, men han går omkring i hopen varsomhelst. Ofta syns han utanpå svärmen, men gömmer sig snart ibland bina.

När man öser med en sked där Visen är eller nära intill, väser bina mer än eljest. Man bör då vara på sin vakt och ej försumma sig och förlora sitt ändamål.

Om de flesta bina har kommit in och man satt kupan sin botten, men de övriga bina fortfarande samla sig på förra stället, stammen eller planket, då lyfter man dit kupan igen så att skjägget kommer nära dem. Sedan sopar man dem med en kvast och de flyger strax in. Kupan sätter man sedan ner på sin plats.

Men gå de självmant in i kupan, så tar man med skeden så många bin man kan från stammen på en gång: de andra bina på stammen sopas med lövkvasten så de komma i flykt, då beger de sig säkert till sitt övriga samhälle, ty de på skjägget sittande bina tillkännager att Visen har kommit in.

§. 6.

Har svärmen satt sig eller repat sig på en gren så att man kan skaka ner den i en kupa och meddetsamma vända kupan på sin botten, går detta an om man har skydd. Man kan också skära av grenen och lägga den på ett lakan och sätta kupan över. Då går de säkert upp, i synnerhet om man skakar grenen lite grann över lakanet.

På samma sätt gör man med enruskan när svärmen satt sig där. Innan man lägger ner grenen eller ruskan tar man dock först några skedar i hopen så att en del går upp i toppen. Då går de övriga dit desto fortare.

§.7.

När en svärm gått in, ser man efter om bina som flyger ut, vänder sig om på skjägget och tar märke.

Detta är tecken på att de har Visen med sig i kupan. Men om han ej är med, vänder de sig inte om och tar märke utan flyga oförmärkt till sin moder så att den som ej förstå slikt, mot förmodan finner kupan tom på bin om aftonen, trots att bina ej lämnat den i svärm.

När bina kommit in i nya kupan, hör man i toppen om de krafsa. Detta är tecken på att de tycker om sin nya hemvist. Om man inte hör dem krafsa lyfter man sakta på kupan och ser efter om svärmen gått upp i toppen, vilket den bör göra. Eller om den sitter på sidan inne i kupan, då är det tecken på att den ej fattat stånd och i så fall lägger man en tjock käpp under botten så att kupan lutar åt den sidan svärmen sitter. Detta kan hjälpa att få dem att söka höjden.

§. 8.

Om svärmen inte tycker om sitt nya boställe, löpa bina stundom mycket fort av och an över flustret; stundom sitta de alldeles stilla. Det förra säger att svärmen snart ämnar gå ut, det senare att han väl vill gå ut, men senare på dagen eller ta avsked en annan dag. Ger den tecken på att vilja gå ut, kan man knacka med en käpp på skjägget så att Visen som är ett rädbhågset kreatur går tillbaka och nöjd bli kvar. Framför allt måste man akta på, när de kommit in, att solen ej får skina

in i flustret den första eller andra dagen. Detta förebygger man genom att skjuta ned halmen, annars kan den sävligaste svärm hetsas och retas.
Så snart en svärm kommit in tillsmetas kupan i botten och halmmattan sätts på.

§.9.

Jag måste här tillägga några omständigheter, nämligen: att när en svärm flyger ut första gången flyger den sällan bort utan sätter sig. Det kan emellertid hända någon gång, antingen av vanskjötsel eller att den funnit något bekvämligt ställe och man vill veta hur man skall förebygga detta.
På mystiska sätt har många försökt förebygga att de flyger bort. I sig själv äger de ingen grund, men eftersom de anförs som riktiga kan man så till vida bruka och försöka dem eftersom de inte är till skada.

Det sägs att om tar svinträck och kastar i vädret mot svärmen på den sidan den vill ge sig iväg, kommer svärmen att sätta sig, Det kostar ej mer än mödan och man kan gott försöka.

Ett annat sätt: Man skär av en käpp eller gren från en buske och gör tre kors på den. Den dras 3 gånger omkring bigården. Käppen sätts sedan i taket på bihuset, eller läggs på den kupan som svärmat. Svärmen skall då ej flyga utom den krets käppen blivit dragen. Herr Thorleij, som är den erfarnaste i biskjötslen av dem jag läst har anfört detta, men för min del finner jag här uti ingen grund emedan man då kunde göra kretsen så liten att bina nödvändigt skulle sätta sig var man ville.

Det berättas också, att om man kastar en ärvd nyckel över bina så skulle de sätta sig, men det är falskt.

Andra stänka vatten med en lövkvist i vädret för att inbilla bina att regn är för handen. Detta kan ha något gott med sig, men är inte tillräckligt. Det är dock säkert att bina härigenom blir argare vid inflyttningen.

Koch ger rådet att klippa av vingarna på Visen. Detta är så till vida säkert då det bara finns en enda Vise i svärmen. Men dels är det ej alltid säkert att Visen finns, dels också har det den olägenheten att eftersom Visen flyger ut från en försvärm 8 dagar efter att hon slutat svärmningen varje år, så står en slik kupa i fara att bli Visfallen om hon inte har ständig uppsyn. Jag skriver detta inte utan skäl, jag har själv försökt det.

Det bör vara fjärran att missbruka det dyra Tre Enighetens Namn som en del anföra.

§.10.

Det sägs att om främmande folk svära på bina vid svärmningen så lyckas ej svärmen väl, jag lämnar det. Det bästa är att biskötaren är hos dem. Men jag kan hör anföra att då mina bin svärma har jag alltid brukat önska dem Guds välsignelse och någon svärm har mig veterligt aldrig flugit bort för mig.

Bina är en Guds välsignelse och samla mycken välsignelse. Därför skadar man inte om man välsignar de så som man gör med andra kreatur. Om Gud ej vill hjälpa med sin välsignelse, vem vill då vara i besittning av en så stor skara av vilda djur som intagit luften? Men då Gud vill välsigna går saken lätt till människors förundran.

När bina slutligen bestämt sig för att flyga bort, drar de sig tätare ihop i flykten och lyfter sig något högre upp i luften. De drar sig så makeligen till den plats de förut spejat in. Ty en svärm spejar alltid innan den svärmar. Ju längre ifrån de valt hemvist desto saktare anställs avresan och tvärt om: ju närmare de har till det spejade stället desto mer ökar de hastigheten.

År 1740 såg jag en svärm i Skåne hastigt flyga över taket, då ägaren inte annat förväntade sig än att de flög bort. När vi kom andra sidan huset, syntes ej svärmen utan alla tänkte att den redan flugit sin kos. Jag påstod att svärmen ej flugit långt, emedan resan gick så fort. I det samma syntes några bin flyga in och ut vid byggnadens fot. Av detta blev man äntligen övertygade om att påståendet var sant. Och svärmen hade mycket riktigt på kort tid hunnit över taket och redan intagit sitt kvarter, nämligen under golvet, där den blev kvar till hösten, då den slaktades.

Samma sak hände här hemma hos min salig Fader, att en svärm, sedan den suttit en stund, flög iväg och det så fort så att ingen av drängarna kunde följa den 400 steg. Men när de kommit så långt var den största delen av svärmen influgen i en ek.

Men ämnar sig svärmen sig långt, så flyger hon i början sakta och det är märkligt att den flyger alldeles rakt fram. Gör den någon sväng på sin föresatta resa, som av olika orsaker kan hända, så blir den förvillad och blir då tvungen att sätta sig.

Svavelrök är binas största pest eller snaraste död. I krut finns svavel. Går man framför en svärm som vill flyga bort och skjuter med löskrut så att röken kommer att stå i vägen där bina skall flyga fram, måste bina antingen ändra riktning, vilket är emot deras natur, eller också hålla en stund stilla till dess röken gått sin kos eller också sätta sig. Skulle ej ett skott lyckas kan man skjuta flera, men man måste sikta rätt, för de frukta ej smällen utan enbart röken och då kan detta sättet näppeligen fela om inte blåsten är för stark så man skjuter skottet så att röken står i vägen för svärmen.

När en svärm satt sig gör man nödvändigt skydd med lakan om solen skiner varmt. Detta skydd bör ej vara för nära intill svärmen, men ändå så att det hindrar solens varma sken. Det stället där svärmen suttit bestänker man sedan med urin så att bina ej hålla sig där på 2 a 3 dagar, ty de har lukt av Visen när de söka honom där och minns att han varit där.

Det bör nämnas här att bina vid svärmningen ej tåla allt folk, i synnerhet ej dem som ha elak andedräkt, eller fruntimmer vid viss tid. Eftersom de älska renlighet bör man ej gärna hantera dem med orena händer.

§. 11.

En liten stund efter svärmen kommit in i sin nya kupa, tröttnar den mycket, d.v.s. flyger ej så hårt. Den överväger då om den vill vara kvar, sedan börjar den flyga hårdare. Just då den tystnar bör den sättas på det ställe på bibänken där den sedan skall stå tills hösten.

§.12.

Det är nödvändigt att det övre korset i nya kupan görs av sådana pinnar som varit i kupor förr och är överstrukna med vax. Man bör också stryka kupan invändigt med lite vax, helst med sådant som ungar varit i och som man får när man slaktar en kupa, så som nämnts tidigare.

Skulle nu allt detta ej hjälpa och bina ej vilja ge tecken på att stanna kvar: ej dra ut små strå, ej heller krafsa i toppen av kupan, utan slutligen löpa ut och in mycket fort eller sitta alldeles stilla, så ser man till att solen ej skiner hårt på kupan och att flustret ej är mycket stort. Man har också noga uppsikt till kl. 7 a 8 om aftonen.

Och när de helt slutat flyga bär man bort denna svärm åtminstone ¼ mil fågelvägen att stå till hösten. När den övriga svärmen morgonen därpå ser sig vara främmande och ej vet var det spejade stället är, som de föresatt sig intaga, nödgas den stanna kvar till den fått speja ett nytt rum, vilket ej går så fort och att den innan dess fattar stånd och blir kvar.

Detta har aldrig slagit fel för mig, ty blir den hemma andra dagen och flyger ut då är det inte säkert att den sätter sig utan söker resa sin kos.

För 10 år sedan hade jag en slik ostyrig svärm, som jag om aftonen efter det att den svärmat, sände 1/3 mil bort. Dagen efter reste jag själv dit för att se hur den skulle bete sig. Klockan 11 på dagen visade den sig mycket orolig och eftersom jag bara önskade se vad den skulle göra då den flög ut, hindrade jag den inte. En kort stund därefter började den flyga ut. En del satte sig på en ruska, som låg på marken, en del flög av och an, en del höll sig vid kupan.

Jag ville ej hjälpa den, men deras skingrade flygande gjorde att jag fruktade att den förlorat sin Vise. Därför gick jag till ruskan för att se efter och fann honom strax. Jag såg efter i kupan, där var bina alldeles villrådiga så att jag ej hade ringaste anledning att tro att där var någon Vise. Bina flög emellertid emellan kupan och ruskan så att jag ej utan löje kunde se hur de liksom önskade mitt bistånd, men jag uthärdade. Slutligen gjorde de uppbrott från ruskan och flög utan långt dröjsmål in i sin kupa och där skötte de sig sedan rätt väl. Av detta kan man se att de ej flyga bort utan att ha spejat och att när de flyttats och ej hittar sitt utspejade ställe så kan de ej flyga bort.

§. 13.

Jag sade i §. 3. att de ej gärna dröjer mer än 14 dagar emellan första och andra svärmen. Ibland ej mer än ett par dagar, men alltid hörs Visen vid andra svärmen innan den går ut. Kallar den ej på 14 dagar kan man nästan vara säker på att den kupan ej ger fler svärmar det året. Ett enda exempel härpå erinrar jag mig och inte mer. Emellan andra och tredje svärmen är sällan mer än 2, 3, a 4 dagar. Emellan tredje och fjärde svärmen är ej heller stort mer, så vida väderleken ej orsakar dröjsmål. Men det kan också ske stundom att svärmen hindras att gå 8 a 10 dagar, fast sällan. Emellan fjärde och femte svärmen är det 5 a 6 dagar, fast detta förhåller sig olika till tiden. Det händer ej heller ofta att de svärma så mycket. Det bästa är när de svärma 2 a 3 gånger. Den första svärmen blir nog god, om väderleken blir någorlunda tjänlig; den andra är sämre och sedan allt sämre, så vida väderleken ej ändrar detta.

Finner man att de hindras av stark blåst att svärma gör man skydd med lakan eller täcke så att man erhålla lugn på den sidan men framför dem går ej an.

§. 14.

Skulle en kupa ge fyra svärmar driver man ihop de två sista, Detta sker på följande sätt: En afton kl. 9 ställer man de bägge på ett utbrett lakan på marken och lossar dem från sina bottnar. Den tredje sätts på lakanet utan sin botten Den fjärde sätts på den tredjes botten. Denna fjärde kupa stöter man nu hårt på bottnen så att alla bina falla ned, varpå en person sätter den tredje kupan över de utfallna bin som då kryper upp. Finns det några kvar i kupan stöter man på nytt ut på lakandet och så snart de hör dånet i kupan foga de sig villigt till de andra.

När alla har gått upp, så tillsmetas kupan och man sätter den på den förras plats på bänken. Den fjärde svärmen hopfogar sig då med den tredje. Den ena Visen blir då dödad innan morgonen. Cap. 7. §. 2. Not. 65. Sedan har man en fullkomlig svärm som man har hopp om överlevnad istället för två svaga, som bägge antingen dö om vintern eller dö nästa vår av hunger, eller orsakar mycket besvär med fodring som ändå är fruktlöst.

§. 15.

Vid denna tid händer stundom att några kupor förlorar sin Vise, vilket avhjälps så som behandlades i näst föregående kapitel. Märker man att bina ser tilltufsade ut, inte att deras vingar är uppslitna ty de bina är utslitna eller ett helt år gamla, utan sjuka, så bör man ge dem något Muskatvin blandat med honung, Då brukar de hämta sig. Detta brukas också i de fall de bli anfallna av rövarbin. Men då lägger man något citronskal däri, lite peppar, dito granatäpplebark och lite bävergäll, lite kamfer, muskotblomma, lite kanel som allt stått i en butelj några dagar.

§.16.

Infaller regnigt väder kort efter någon svärm inkommit, måste den fodras med honung. Den sätter man i 6 a 8 dagar, men fortsätter ej mera. Detta gör man så snart svärmen kommit till. Så snart en svärm lider hunger kryper den upp istället för att sitta nederst på kakorna. Man bör ej ge föda utan att nöden driver dem.

§.17.

Man kan ej säkert veta när svärmtiden är slut, ty det kan hända att en sensvärm som kommer i mitten av Augusti får vackert väder 3 a 4 veckor blir så god kupa som någon annan, ty det är otroligt vad de arbeta, samla och öka sig när de ej får en knäck i början.

§. 18.

Det händer stundom, när en kupa svärmat en enda gång det året, att blåst och regnväder hindrar den att svärma andra gången, fast Visen under flera dagars ropande yttrat sig färdig. Den unge Visen som dels för ovädret ej vågar gå ut, dels också väntar på att få sitt följe större genom att en del späda Bin kläcks, som inte är färdiga, blir ihjälbiten av den gamle Visen.

För att förebygga detta är det nödvändigt att öka en slik kupa med en krants. Härigenom skulle mången tycka att svärmningen förhindrades alldeles, vilket både Trievald och Kock yttra. Men härigenom lämnas den unge Visen rådrum att gå nedom kakorna och taga sin svärm med sig. Den gamle Visen går ej nedom kakorna, således slipper den unge Visen att falla i sin vrede Faders klor och falla för dess svärd, utan kan behållas vid liv i kupan 8 a 10 dagar mer eller mindre. Den kommer att svärma under denna tid, så framt han är så stark att han kan göra sitt sällskap följe och hans följe kan umbäras utan gamla kupans fördärv. När Så svärmningen sker, tar man bort krantsen som man ej har tillsmetat just av den anledningen. Detta är sagt om eftersvärmar ej om försvärmar. Jag säger ej det jag ej har försökt.

§.19.

När en svärm kommer i en ny kupa så gör den i början en stege av bin som hänga sig som i en kedja, det ena under det andra. På den kedjan löper bina upp och ned och täcker från klotet och ned till botten om arbetsdagarna hela 8 dagar, ej om nätterna. Den unga svärmens första syssla är att rensa kupan väl ren sedan att samla vax. Om man fångar några bin som hamnat på marken, kan man se dem ha vax under buken, inte så lite heller. Av detta kan man förstå att alla fotningar ej heller blir vax. Men jag måste erkänna att jag ej kunnat utforska var de samlat sitt vax.

§. 20.

En olägenhet som ofta händer vid svärmningen helst för den som har många bikupor är, nämligen att flera svärmar kommer på samma gång och då flyga tillhopa, varigenom mycket bryderi orsakas. Om bägge svärmarna sätta sig på en och samma ruska, är detta snart avhjälpt vid själva inkupandet. Man tar då en högkrants och sätter på ett bräde med ett fyrkantigt hål i, så brett som en tvärhand. Ovan på detta ställer man den förberedda kupan. Ruskan eller grenen lägger man på ett lakan och krantsen med hela nyss nämnda arrangemang. När ruskan då och då röres jämt, kryper den ena svärmen in i den övre kupan, den andra blir i krantsen. När man blir varse att de således gått upp, lyfter man den översta kupan och sätter den på sin botten. En annan ny kupa sätts över den med hål i botten, då den nedre svärmen gått in. Lägg märke till att: för det första hålet på bottnen bör vara vid ena sidan och ej mitt på. För det andra att flustret både på den översta kupan och den understa krantsen bör vara öppet.

Skulle mot förmodan, vilket dock sällan händer, Bägge Visarna gå upp i den översta, syns det strax därav att bina börja löpa av och an i den kupa som ej har Vise. Då går dessa Visefallna till den andra svärmen där Visen är.

Om svärmarna är sen- eller eftersvärmar behövs ej detta arbete, utan det är då bäst att låta dem vara tillsammans. Är de däremot försvärmar har man ett trä till hands kl. 3 a 4 på eftermiddagen och stöter då ut de bägge inkomna svärmarna på ett lakan, delar dem i två lika stora delar med träet och sätter en kupa över varje. Märker man av tidigare nämnda tecken att den ena ej har någon Vise, stöter man ut bina i den nya kupan som har Vise. Då man låter de utstötta bina åter gå in i sin kupa ger man noga akt på att att fånga den ena Visen och låter den andra löpa med hopen. När detta skett, sätter man båda svärmarna på bibänken och har två goda samhällen. Men ha Visarna redan kommit i strid med varandra och den ene blivit dödad, ligger den vanligen på kupans botten, framför flustret eller på marken, då är delningen förgäves och man måste låta dem vara tillsammans. En sådan stor svärm lönar nog sitt rum.

Ovan nämnda olägenhet kan också ofta förekomma på annat sätt: när en svärm precis flugit ut, börjar en annan svärm ofta flyga ut innan den första hunnit sätta sig. Man tar då ett kläde och håller över kupans fluster och skjägg så att inget bi kommer ut. Man får emellertid akta att de ej kvävs. De redan utflugna från denna svärm håller sig kvar framför kupan och avvaktar liksom med förundran sitt följe. När denna svärm således blivit hindrad 8 a 12 minuter och den första till större delen satt sig, släpper man lös denna senare, som då ej dröjer att flyga ut. Emellertid binder man nu om den första väl med lakan så att den senare svärmen inte kan komma dit. Den sätter sig då för sig själv, varpå man tar den första för sig och den senare för sig.

Ibland händer att en kupa börjar svärma sedan en annan svärm nyligen satt sig, då täcker man för den sittande svärmen med ett lakan till dess även den senare satt sig. Denna senare kan då vilja sätta sig på den andra men hindras då av lakanet. Man bör då nödvändigtvis först kupa in denna. Skulle en del av den första svärmen inte hunnit sätta sig och söker sitt följe så sätter de sig nära intill lakanet och när man öppnar det kan man foga ihop dem eller också gå de nog självmant dit.

Svärmar som flyga ut på samma gång flyger vanligen tillsammans, dock ej alltid, utan dela sig ibland. Det förra håller jag troligt orsakas av att svärmen väntar oblid väderlek framöver och anser det klokt att förebygga ett förestående öde med förstärkning. Ty ju större svärm desto lättare samlar den nödig vinterföda. I det senare fallet när de dela sig torde svärmen anse sig nog stark själv att öka sig till nödigt antal i en mild sommar så att den kan fylla sin kupa med vax och honung till hösten

§. 21.

Man bör ej sätta en ny kupa nära sin moder, ty därigenom händer ofta att de unga bina flyger till sin moder av vana eller ovarsamhet. Svärmen försvagas då, ja ofta fördärvas alldeles så att Visen bara haft ett par hundra bin kvar i sin nya kupa. De andra har gått till sin moder.

Ej heller bör två nya svärmar sättas nära intill varandra, ty ofta lockar den enas don hela den andra till sig så att Visen har endast en handfull bin kvar och den andra har alla bina hos sig. Men då svärmen är 4 a 5 dagar gammal, sedan den inkupades, kan man med all säkerhet sätta en annan svärm intill den. Det är emellertid bra att man har åtminstone en aln mellan kuporna, om det är möjligt.

Skulle det mot förmodan hända att den ena svärmen dragit den andra till sig kan man avhjälpa detta på följande sätt: Man byter plats på dessa bägge kupor. Sätter den birika kupan på den bifattigas plats och tvärtom. Detta sker bäst i vackert väder vid pass 11 på dagen. Man har sedan grannlaga tillsyn och ser till att den svaga får så många bin som den andra. Därefter bärs den förra bistarka svärmen samma dag bort till en annan bigård fågelvägen åtminstone ¼ mil. På detta sätt blir bägge svärmarna hjälpta och ifall de få vackert väder kommer de framledes att bli goda kupor.

§. 22.

Man bör akta sig så att det ej blåser mycket på bina då man hanterar svärmen. Man försöker undgå att vara mycket svettig, icke heller må man röra sig fort av och av eller att vifta eller slå med händerna nära intill svärmen, ty då blir bina stickna och man får ångra det. Men rök av tobak tåla de tämligen bra, helst en de känner igen, bara man ej röker för hårt på dem.

§. 23.

Det händer någon gång att en försvärm som inkupats tidigt, fått god väderlek sedan den blev intagen och stått på ett fördelaktigt ställe, svärmat 1 a 2 gånger 5 a 6 veckor efter den blivit inkupad. Det är då ej ovanligt att den första svärmen blir god, men sällan den andra. Det är då bäst att driva den till sin moder igen på eftermiddagen kl. 6 a 7 och då om möjligt ta bort den unga svärmens Vise. Likaså bör man göra med den femte svärmen om en kupa ger så mycket., annars försvagas moderkupan och ofta förloras både moder och foster genom för mycket svärmande, ty ju fler bin i ett samhälle, ju mera honung drar de, ju bättre försvara de sig och ju bättre trivas de.

Sättet att driva ut bin kan hittas i synnerhet i §. 14. Detta kapitel och Cap. 7. §. 6 samt Cap. 8. §. 2. allt som tillfälle och möjligheter fodrar.

Cap. 7. Om Skattningen.

§. 1. Skattningens nödvändighet.

Skattning är nödvändig, för att hindra slaktning och binas död på grund av gamla vaxkakor. Skattning förnyar binas vaxkakor och när den sköts rätt minskas ej bisamhällen. De kan uthärda vid liv och årligen ge avkomma eller honung och vax i många år, när de har skott som är tjänliga. Utan skattning kan knappt en kupa eller ett bisamhälle leva mer än 8 år. Men i små boningar uthärdar de ej så länge. Skattning sker på mångahanda sätt: Vid Trievalds och Kocks inventioner, genom att man tar en hel ask eller helt hus. Och denna skattning är, i mitt tycke, ej så god, eftersom en medelmåttigt rik och en mycket rik kupa får lika stor skattning. Ty var boning som skall skattas måste lämna ifrån sig en hel ask eller hus. Den fattiga står då i fara att dö av hunger, emedan den får föga föda till vintern. Det hade varit bättre att ta allt på en gång.

Andra lägga kull kupor och sedan de rökt undan bina, vinner de sitt ändamål, så vida kuporna är mycket rika på honung. Men dels tar man bort de nyaste och bästa skotten och det gamla som är förverkade och odugliga lämnas kvar. Dels fördärvas en massa ungar som finns i skotten, ty bina ha honungen högre upp i kupan än ungarna. Med liggande stockar går skattningen bra på det sättet men ej i kupor. Ofta blir det kakfall efter ett sådant skattningssätt.

§. 2. Vilka bisamhällen bör skattas?

Alla kupor bör ej skattas på ett och samma år. Alla som skall skattas bör ej skattas lika mycket, utan efter vars och ens förmåga. De kupor som har svärmat får knappt ej skattas det året. Stundom är ej den kupan som inte svärmat ej så rik att den tål skattning; stundom är en stor och tidigt tillkommen försvärm bekvämlig att skattas. Således är de kupor som bör skattas antingen så kallade Colonier, som bestå av flera ovanpå varandra satta höga krantsar med ett lock uppå eller ordentliga kupor, dels efter gamla dels efter nya sättet,; eller också unga svärmar. Dessa skattas efter behag på det sätt som här skall beskrivas:

§. 3, Förberedelse för skattning.

Förberedelse för skattning sker i synnerhet i Juli månad, när man finner Colonier, kupor eller starka svärmar vara tämligen tunga och birika, och ej mera vill svärma det året. Eller om man hellre vill ha honung och vax än en för sen svärm; eller om man ej har tid att avvakta en svärm. Var slags boning kan skattas på sitt sätt.

1. Den så kallade Colonien, som består av lock och krantsar se Skiss Lit. C ökas allt efter nödvändigheten T.T.T. Så snart en blivit fullbyggd, vilket ses av att bina sitter utanför, sätter man till en underifrån och fortsätter så, så länge det behövas. Skulle flera krantsar än en sättas under, slösa bina mycken tid genom längre väg i kupan till samlingsplatsen. Därmed får man också mera drag och kyla i kupan.

2. Vill man också göra om en ordentlig kupa enligt Skissen Lit. A eller en efter nya sättet till Colonie, så är det inte svårare än att ge dem nödiga krantsar. Man får bara se till att kupan ej är för stor eller i synnerhet ej för vid.

Observera att detta ej går an, sedan de en gång svärmat och Visen kallar eller ropar till svärmning andra eller tredje gången att genom att sätta till krantsar under kupan hindra dem att svärma, utan tillökningen bidrar mer till svärmningen. Cap. 6. §. 18.

3. Man kan lättare göra om den till skattning ämnade kupan se Skissen Lit. B som är efter nya sättet, nämligen så här: Man tar av locket Lit. B. T. och i dess ställe sätter man på en tom kupa, som ej är allt för stor, vars fot passar i vidden emot öppningen av underkupan L. på denna hattlösa kupa, i stället för locket, vilket tillsmetas och utgör kupans övre del, Observera att man aktar på att sedan halmmattan blivit påsatt att ingen genom bultande på något sätt rubbar denna ställning.

Har man ej ännu ej skaffat kupor av detta slaget, nämligen med lösa lock, kan man väl nyttja en vanlig kupa, bara den inte är för stor utan krants Se Skissen Lit. A, på vilken man med en vass kniv skär av toppen så att hålet blir en span i diameter. Locket blir då det samma som locket på den första, sedan fortsätter man med denna, som nyss sagts.

Toppen eller locket, förvaras väl till hösten utan att rubba vaxkakorna, då det åter skall sättas på.

En kupa efter gamla sättet står mer i fara att få kakfall, i synnerhet om öppningen gjorts alltför stor, än en kupa efter nya sättet, eftersom den senare är försedd med en ombindning inuti se Skissen Lit. B. L och den förra inget.

4. På samma sätt gör man med rika och starka försvärmar, men observera att hålet ej görs för stort, när det skärs, annars får kupan kakfall. En sådan kupa måste ökas, men det måste ske aktsamt.

5. Man kan också hjälpa en sådan kupa på annat sätt, nämligen genom att ta en kupbotten, i vilket man gör et fyrkantigt eller rumt hål med en kvarters bredd. Sedan skär man av skjägget på bottnen och lägger den på en krants; lyfter den starka svärmen från sin botten och sätter den starka kupan över och tillsmetar den, både fluster och bottnar. Man lämnar endast nya flustret som är på krantsen, då bina intar krantsen andra dagen, De fullbygger den ganska snart. Det kan hända att de vill ha ytterligare en krants vilken dock ej skall ha något lock.

Bägge dessa sätt är möjliga. Med det senare vinner man för det första att få bin dör om vintern i en sådan kupa, emedan den har mörker och drag efter frisk luft hela tiden. För det andra kan man ta bort krantsarna 8 dagar efter det att bina börjat flyga. Man skär då av och bryter upp med en lie eller lång kniv som man sticker in genom kupans fluster jämns med mellanbottnen. Dessa kan ibland ha tämligen mycket honung. Själva kupan kan vara både birik och honungsrik, vilket lovar både stora och tidiga svärmar till nästa sommar. Hade den ej blivit tillökt så hade svärmen a) ej haft utrymme att lägga tillräckligt med ungar och följaktligen ej blivit birik till hösten. B) varit nödgad antingen att svärma eller också till en av de ytterligheter som anförs i Cap. 1. §. 2. Not. 75 ; Cp. §. 6. §. 1.

Genom det förra sättet vinner man delvis samma förmåner och det är enligt mitt tycke bättre, emedan bina för det första manas till större flit, för det andra att man får mera honung vid skattningen.

§. 4. Tidpunkt för skattning.

Skattningen sker i början av september, helst mitt på dagen under månens tilltagande, som Herr Rådman Er. Lundgren välment påmint om.

1. Hos den så kallade Colonien som är försedd med krantsar sker skattningen således:

a) Man har 2 stycken ihoprullade och med tråd ombundna torra linnedukar och eldade så att de ryka men ej brinna.

b) Man tar ut smecken eller tappen som är på locket eller lilla kupan se Skissen Lit. C. T och genom dess hål röker man något, då Visen, som är timid går ned, i fall han skulle vara i kupans övre del.

c) Man bryter varsamt upp själva locket och fortsätter med rökandet så att bina går väl nedåt. Locket lägger man på en tallrik, lite avsides, utan att tömma det. Härpå skär man av kakorna i den övre krantsen, den ena efter den andra och lägger dem på ett rent fat. En person rensar av bina som finns på dem och kastar sedan de rena kakorna i en kittel.

d) Man skär av korgpinnarna i denna krants, vilka är mjuka eftersom de är av lind. Man använder rök så fort det behövs. Denna krants bryter man upp och tar bort. Man fortsätter sedan med nästa krants o.s.v. så länge man har nödvändig vinter- och vårföda för bina. Man måste avpassa skattningen efter kupans rikedom och förmåga, vilken känns på dess tyngd.

e) När man nu tagit så mycket kupan tål, så jämkas kakorna i de kvarvarande krantsarna så att de passa med kakorna i locket det nogaste man kan och sätter på locket som tillsmetas.

Till en mycket bistark kupa eller Colonie lämnar man strax 2 Lispund honung och åt en mindre stark 1½ Lispund kvar till vinter- och vårföda.
När skattningen väl är över, locket med dess smeck blivit påsatt och tillsmetat samt halmmattan blivit översatt, sätter man tallriken med de avskurna och avrensade bina intill skjägget så att de andra bina kan slicka dem rena med sina tungor så att även detta avrens kommer till nytta.
Binas första syssla blir nu att laga kakorna i toppen så att de andra dagen får sitt ursprungliga skick lika full som förut, dock ej så hög, eftersom 2 a 4 kanske 4 krantsar är borttagna i mitten. Den får behålla alla sina bin, även sina nyaste kakor och har lagom utrymme. Av detta följer att hon nästa sommar ger stora och tidiga svärmar, som alltid är de bästa. En moderkupa som har tidiga svärmar har då även tid till att förse sig med både nödig honung och nya bin till vintern.

Observera att man vid skattningen ej får utgå från krantsarnas utrymme och antal, för kupan kan vara full med vax men hysa lite honung. Man får utgå från krantsarnas tyngd, som honungen orsakar.
Den som har lite vana vid bin känner väl och kan avgöra skillnaden mellan de bo eller pipor, uti vilka

ungar finns och de som är fyllda med honung. De förra är mera gulaktiga än de senare, men detta läres bättre genom övning än genom beskrivning.

2. Kupan i Skissen Lit. B vars lock blivit avlägsnat och en ny kupa satt i dess ställe, skall nu skattas, men på följande sätt:

a) Man tar ut den lilla smecken eller pluggen och röker genom hålet.

b) Tillsmetningen emellan den påsatta övre och den gamla nedre lossas så mycket man kan.

c) Den påsatta kupan bryts upp med 1 a 2 starka men rena knivar. Och lyfts av från den nedre. Denna fråntagna sätter man nu på sin egen botten nära intill den gamla. Jag kallar den nedersta den gamla och den som stod överst den nya.

d) Locket som hittills varit förvarat med sina skott orubbade, vilket uppmanades förut, sätter man i den nya kupans ställe på den gamla kupan med skotten i samma riktning, som det varit förut och tillsmetar med sin understående kupa.

e) Den lilla eller nya kupan får också tillsmetas med sin nya botten.

f) När den nya stått vid pass en timme lär tecken visa att Visen ej finns där längre. Sedan vrids bägge kuporna så att skjäggen står tätt emot varandra. Nu kommer förmodligen alla bina i den lilla kupan att marschera ut, in i den andra eller gamla och lämna den lilla eller nya full av honung, men fri från bin.

Observera att den unga kupan ej får stå länge på dagen, ty annars går bina tillbaka och tar med sig en stor del honung.

Om denna nya kupa var tom och ledig från vax när den sattes på, får man se ovanligt tjocka kakor i den nu, som innehåller den så kallade jungfruhonungen. I denna kupa har inga ungar varit. Man kan ta ut dess skott och använda efter behag.

Skulle bina inte vilja gå ut från denna kupa in i den gamla eller ej heller ge tecken till Visefall, måste man hjälpa den med rök, ta ut kakorna varsamt och driva bina på den gamla kupan.

3. På samma sätt går man till väga vid skattning av försvärmen.

Nyttan med detta blir: a) att man får god och ansenlig honung, ty när bina gå upp i den översatta kupan så dubblas deras flit. Cap. 1. §. 2, Not. 50. b) att underkupan fått tillräckligt med utrymme för ungarna. c) att den får behålla alla sina bin till nästa år.

§. 5. Jämförelse mellan Trievalds och mina kupor.

Jag erkänner gärna att Trievalds invention med biaskar, av vilka tre stycken utgör en hel Colonie, är ganska förnuftigt inrättade och mycket bidragit till denna min enfaldiga invention.

Hans askar tycks kan hända vara av lika om inte av bättre beskaffenhet än de som beskrivits här, eftersom man lättare och på en gång tar ett helt hus eller ask och de andra står orubbade. Men jag ber min läsare att få beskriva skillnaderna mellan de förra och de senare.

De förra är av trä, avdelningen med det lilla fyrkantiga hålet har hindrat bina i deras arbete. De arbeta ej inne med mera Visen är närvarande. Visen går ej gärna ned i den tomma undersatta asken. Bina måste passera en lång väg igenom den tomma asken innan de kommer till samlingsplatsen med sina förningar, varigenom de hindras mycket under den bästa dragningstiden.

Detta har medfört, oaktat asken varit av trä eller halm, som är bättre än trä, att den bistarkaste Colonien ej hunnit bygga mer än halva asken med vax första året. Har man då tagit bort den översta har bina nödvändigt måst dö av hunger nästa vinter, jag vill ej säga nästa vår. Eller också har man enligt försiktigheten måst låta slå ihop bägge dessa askar andra året och det första året ej fått skatta någon honung och då bina andra året, oaktat de haft 2 eller 3 askar, svärmat och således ej heller det året varit i stånd att bygga färdigt andra asken med vax, än mindre fylla den med honung.

Således har man det året inte fått den förväntade utkomsten mer än det förra året och låt vara att de ej svärmat de sista året heller, så har dock två år gått förbi och man fått låta sig nöja sig med en enda ask till skattning. Vem kan säga när asken tillverkas hur många fördelaktiga år för bina som infaller flera år därefter? och därefter bör skattningen likväl anpassa sig. Nu måste man ta en hel ask, vilket ibland är allt för mycket, ibland allt för lite. Detta är orsaken till att där slika Colonier används, är de mycket fåtaliga, emedan bina dels dö bort, förökar sig föga, varav lust och tycke för bina, som är den största orsaken till lycka och framgång med bina mer och mer avtar.

Fastän denna min invention synes och är ganska ringa, så är alla de svårigheter, som på något sätt hindra bina, här undanröjda. Kostnaden för deras underhåll ganska ringa. Trots att jag bor på en mindre fördelaktig biort har jag kunnat skatta 3 ½ Lislpund om hösten i en kupa som ökats på detta sätt och som andra året givit mig 3 sköna tidiga svärmar. När lilla kupans undre del blir 3 a 4 år används den till en förbättrad Colonie. Annars blir vaxet för gammalt och odugligt.

Härigenom sker:
1. Att kupan kan svärma de år jag vill och åter avstå från svärmande det året det mig behagar, så framt det ej sker av en händelse och dock sällan. 2. Att den aldrig dör av ålder emedan den alltid har nya vaxkakor. När man bara kommit i stånd med flera kupor, vilka jag kan kalla förbättrade Colonier, så lär båtnaden bli märklig, helst de år som är goda biår.

Observera att man vid skattningen ej dömer efter själva krantsarnas utrymme, ty de kan vara fulla med vax och mindre med honung, utan efter krantsarnas tyngd, som honungen förorsakar och anpassa förrådet med vinterföda därefter. Till bina 1 ½ a 2 Lispund var.

2. Den som har umgåtts litet med bin känner nog och kan göra åtskillnad emellan de bon, uti vilka ungar finns och de bon som är fyllda med honung och är täckta. De förra är mer gulaktiga och kupiga än de senare, men detta kan bättre läras av övning än beskrivning.

§. 6. Hur man driver ut bin.

Andra har tyckt att lättaste vägen är att driva ut bina helt och hållet vid Michaeli, som är slaktetiden, ur en kupa, som varit rik på honung och ta allt på en gång och låta en annan kupa föda bina över vintern. Detta kan ibland ske med förmån, på följande sätt:

Den kupa, vars bin skall drivas ut, sätts på en skiva 10 a 20 steg framför bibänken. Den kupa i vilken man vill ha de utdrivna bina sätts på den förra kupans ställe. Därpå bryter man upp locket i slaktkupan. Bina röks ner, den ena krantsen med dess vaxkakor efter den andra skärs ut och tas bort samt rensas, till dess att kupan är alldeles tom.

Vid slutet av denna skattning sätter bina sig dels under botten, dels i nedersta krantsen på sidorna, dels också på nedre ändan av kakorna, fastän en stor del då redan flugit till sitt gamla rum, nämligen till den i deras ställe flyttade kupan. De på kakornas nedre del sittande bina bärs till den sistnämnda kupan, skakas eller sopas av på dess skjägg. De som sitter under botten sopas även de av på skjägget, likaledes förmås de som fortfarande är i krantsen att bege sig till skjägget och inta sin nya hemvist.

Kan man tidigare eller härvid finna Visen och ta bort den, är det så vida bättre, eftersom dessa nytillkomna bin varken erkänna sin nya husbondes envälde eller blivit antagna av honom, så länge deras egen är med i följe och lever. Men när han blir dödad, då först blir det ett fårahus och en herde.

Om denna ökade kupa stått näst intill den som blivit borttagen innan den flyttas, vrider man den så att den kommer stå mitt emellan där bägge dessa stod. Då kommer bina, både de som var i kupan innan och de nu inkomna, att hitta hem. Men har den kupan som blev förstärkt ej stått näst intill den bortagna, måste den nödvändigt bäras bort åtminstone ¼ mil fågelvägen. Detta gör man sent på kvällen, då de krupit in eller om natten, annars flyger de till sitt förra ställe.

Man kan också om så behagas driva bina ur den borttagna kupan in i två andra. Då får den ena kupan stå kvar och endast vrids lite. Eftersom den innan stått närmast den borttagna. Men den andra måste nödvändigtvis bäras bort. Skulle de två stått på vardera sidan om den borttagna, måste ändå den ena flyttas bort, annars kan det hända att det ena samhället lockas ut av det andras sorl och don och bege sig bägge i en kupa.

Det händer stundom vid slika tillfällen att de utdrivna och inflygande bina inte blir antagna utan hela samhället blir ihjälbitet. Det kan också hända att det redan finns tillräckligt med bin i kupan så att man vinner föga förmån med utdrivningen.

Fördelaktigare och bättre kan dessa för döden utsatta olyckliga bin användas, vilket kan läras i följande Capitels §. 2

Cap. 8. Om hushållningen med bin.

§. 1. Om tillfälliga sommar bigårdar.

När man skaffat sig så många kupor som bihagen tål, situationen eller belägenheten tillåter hålla, gör man sig två bihagar. I den ena sätter man de bästa och starkaste kuporna den dagen bina utflyttas från vinterbänken om våren. D.v.s. de som skall svärma denna sommar så att den bekvämaste tillsynen kan hållas. De svagare i den andra hagen, vilken också måste vara nära intill så att man kan se vad som händer.

Om dessa båda sommarhagar behöver jag ej mer orda utan Läsaren kan ögna igenom Cap. 2. §. 2 och 3

I den förra hagen som kallas svärmhagen sköter man bina som i Cap 5. Men i den senare, som kan kallas honungshagen vill man bara ha vinst genom vax och honung. Så snart man finner att någon kupa är fullbyggd, i Maj, Juni, Augusti månader, sätter man under en krants: 1, 2, 3, o.s.v. så länge det är nödvändigt, vilket avgörs av binas drag och kupans tyngd i denna hagen.

Man måste dock även sätta några enruskor utanför denna hagen vid svärmtiden så att bina kan sätta sig där, i händelse av att någon av dessa kupor ger svärm.

När hösten kommer skattas dessa kupor, förmodligen alla, dock som var och en tål enligt näst föregående Capitel.

§. 2. Att göra svärmar när bina inte vill svärma.

Bina är inte lika benägna att svärma all år och således händer, emot förmodan somliga år, att få kupor svärma. Därför bör det i detta Capitel om hushållningen ingå att själv göra duktiga svärmar.

Det finns väl ingen som inte vet vad en svärm är, nämligen en Vise med nödigt antal bin. Duktig svärm kallas ett slikt bisamhälle som har sin kupa fullbyggd om hösten med nya skott eller kakor, som är fulla med honung och att kakorna är i god ordning och riktning.

Ingen kan skapa ett enda bi utom Gud allena. Även den största konstnären bland människorna skulle bli förskräckt om han blev tvungen att göra en enda vaxkaka, även om han hade ämnet därtill. Därför bör ingen inbilla sig att jag åtar mig att verkställa och lära ut sådana saker.

Men att laga så att Bina uträttar sådana saker, när det åstundas har jag flera gånger verkställt och det tänker jag nu beskriva:

Saken är ej svår eller konstig, men förtjänar sin plats eftersom ingen tänkt på det tidigare.

Den påökning som nämndes i näst föregående Capitel, då en tom kupa sätts över en annan Lit. B sedan locket tagits av har gett mig anledning till denna idé eller uppfinning. Eftersom jag sett att bina har fullbyggt denna påökning.

Det fodras två saker till denna svärm: 1. En väl- och fullbyggd kupa 2. Tillräckligt bisamhälle.

Efter påökning med tom kupa, som satts på, får man se när man tar bort den om hösten att skott eller kakor är ovanligt tjocka och är förträffligare för hushållets behov än andra, men ej tjänliga för bin att bo i. Jag skulle kunna orda mycket om detta men som var och en kan förstå, kan en sådan kupa ej få tjänliga vaxkakor om bina ej får börja bygga i själv kupans topp.

1. Man tar en kupa som är utdööd, helst en ung svärm, vilken lämnat sina skott i gott skick efter sig. Man sätter denna över den birika och honungsrika Li. B, istället för den nämnda tomma, då går bina strax upp, rensa och laga denna nya påökningen och fyller den med vax, om den inte skulle vara helt fullbyggd, och med honung till hösten. Detta med fördubblad ja, alldeles förundransvärd flit.

Binas natur är att börja ovanifrån och bygga nedåt med allt sitt arbete och det i jämn ordning. När de får den här påökningen tror de att de själva glömt det övre, varför de fördubbla sitt arbete så att det som felar rättas till. Skottet fullföljs och får då samma ställning och riktning som det hade innan i den övre delen; kakorna blir lagom tjocka, så att allt blir precis som det skall vara.

Mid Michaelitiden tar man av denna påökning, såsom i föregående Capitel. Det sätts på sin egen botten, varpå de bin som finns därinne ger tecken på att de är Visfallna och sedan när bägge skjäggen ställs intill varandra går de ut och lämna denna kupa full med honung, men alldeles fri från bin.

Observera Lit. B handhas som tidigare sagts med att man lägger på locket etc. Kupan Lit. B har nu gjort början eller större delen av svärmen, nämligen en väl-och fullbyggd kupa.

Observera 1. Den övre kupan ställer man när den skall bli påökt så att dess kakor eller skott kommer att stå i samma riktning som den undres. Lit. B utan avseende på den övres fluster, vilket tillsmetas.

Observera 2. Att kupan sedan den blivit utökad ingalunda oroas. Nu blir frågan var och hur man skall få bin i denna honungsfulla men bitomma kupa?

Man kan antingen använda en gammal stark och rik kupa istället för att driva in en eller två andra där dess bin kunnat bli ihjälbitna, som nämndes i föregående Capitels sista §. Eller också tar man 1 a 2 odugliga svärmar som ej skulle överleva vintern själva och driver dem som beskrivits tidigare. I det senare fallet och ifall två sensvärmar utses till detta och som ej stått intill varandra, måste den nya svärmen som nu kommit in, bäras bort. Men annars icke.

Här har man en duktig svärm, fullbyggd med vax och honung, försedd med tillräckligt antal bin, vilken efter mitt tycke med fog kan kallas *artificiell* svärm eftersom de utdrivna bina annars hade omkommit och ej till det ringaste förmån kunnat användas. Den kan också kallas duktig svärm, eftersom den är full av honung, har nya kakor och tillräckligt antal bin.

Den understående kupan Lit. B som samlat födan etc. till denna nya svärm får behålla sina bin och har själv tillräcklig föda och ger tidiga svärmar nästa sommar.

All den honung och vax som fanns i den kupan vars bin drevs ut, blir ägarens vinning.

Här bör man göra några anmärkningar:
1. Om man ej har någon utdöd svärm att sätta över:

a) Så kan locket till Lit. B. sättas på en kupas undre del. Dessa bägge tillsammans utgör en lagom stor kupa som kan utnyttjas, ty om Lit. B. bara har början till sin uppbyggnad i den övre delen, fullföljer den säkert sedan de övriga.

Men då måste man ha ett litet tunt bräde till hands när man tar bort den övre kupan till hösten, som man kan lägga på i stället för locket på kupan Lit. B. Den måste tillsmetas väl.

Observera att all tillsmetning ovantill måste göras tjock annars bita bina sig ut därigenom om vintern, varigenom stor skada sker.

b) Vill någon istället för en utdöd kupa, använda en svag eftersvärm, som inte ger hopp om att kunna överleva vintern, men ändå gjort något arbete i sin kupa, går det också an, antingen så att man först driver ut denna lilla svärmens bin genom att öppna den övre tappen Lit. B. h. till ett annat svagt samhälle, som därigenom blir hjälpt. *Observatis observandis* och denna då uttömda kupa sätts på Lit. B som alltid förutsätts vara stark.

Eller också kan denna svaga svärm utan att driva ut bina sättas på den omtalade starka kupan Lit. B. Man kan således använda vilken kupa man vill som har sitt skott i stånd. Ty om två Visar än kommer tillsammans så blir en av dem snart dödad,

Härigenom vinner man att de till undergång hänvisade bina får hjälp och räddas och även bidra till kupans Lit. B. fromma och väl.

2. Att om man vid Michaelitiden ej har tillgång så svaga eller odugliga samhällen, som man vill driva ut bina ur, så kanske grannen har något att avvara, vilket kan ersättas en annan gång, annars kan man ingen svärm göra, utan då måste ökningen användas till hushållet. Eller också kan Lit. B. med förmån göras om till Colonie, vilket tidigare beskrivits.

Var och en lär finna att med olika medel få både honung och vax utan att minska antalet bin.

Har kupan Lit. B. svärmat detta år så går det ej att ge henne någon påökning. Vad som har sagts om Lit. B. i detta ärende har gällt alla rika kupor, som ej är allt för stora.

Att driva ett bisamhälle, som varit i stock innan, vare sig det är en rund, fyrkantig, liggande eller stående stock, in i en slik ny kupa, går också bra. Man får då se till att man ställer dennes fluster där stockens flög stått innan och den får stå där till dess bina flyttas till vinterbänken.

§.3. Aktsamhet vid hanteringen.

Den som är något van vid bihantering är inte rädd för att verkställa detta. Jag vet då jag drivit ut 4 a 5 bisamhällen på samma gång och inkupat dem ånyo och ej blivit stucken av ett enda bi. Om någon ovan någon gång blir lite stucken, som väl kan hända, så får det ej räknas.

Svarta kläder bör ej användas vid slika tillfällen, inte heller vid svärmningen och när man sköter dem. All aktsamhet används, men all rädsla lägger man bort.

§. 4. Delning av bigården.

När biodlingen har ökat sig på detta sätt så att fler kupor ej kan underhållas på ett ställe, säljer man en del, utsättning till hyra på halvnad kan också ske med fördel.

§. 5. Om våt- och torr år

Det kan hända att våtår inträffar någon gång, varigenom man får mindre honung och även mister en del bin, men sedan blir detta avhjälpt under goda år. För starka torrår är ej heller goda, följaktligen är lagom väta ej skadlig. När regn och torka avbyter varandra blir örter och gräs frodigast och bina blir då även rikast.

§. 6. Honungens nytta.

Jag har hört att man gjort följande anmärkningar mot nödig biskjötsel:

1. Att om mycken honung skulle erhållas i Riket, skulle priset på den varan falla ansenligt, bortsett från Coursen. Då är det ej *meriterande* att ha det ringaste med bin att göra eller att idka biskjötsel.

2. Honung kan inte med fördel nyttjas i så stor mängd, varken av förnämare eller ringare folk.

På detta svarar jag: Är det rätt att trampa på honungskakan bara för att den fås lättvindigt? Är det bättre att köpa honung och vax av utlänningen för några tunnor guld årligen och ändå ha brist på bägge slagen än att slippa denna utgift, ha tillräckligt med honung och kunna sälja en del till andra?

Både förnämt Herrskap och ringa folk kunna nyttja honungen och de förnämare använda mycket vax till ljus och vaxstaplar; de nyttja en del honung till syltning, allehanda välsmakande mos, hälsosam syltad ingefära, sköna saltade valnötter äts ju även av förnämt folk. Är inte honung lika hälsosam som läcker? Används den ej i Apoteken och i många medikamenter m.m. Gör man inte mjöd som tävlar med de bästa viner i smak, i kraft och i hälsosamhet? Var hittar man *delicatare* sommardryck?

Mindre förmögna håller också tillgodo med gott dricka eller öl med honung. Kallskål med gott bröd uti är nog så smakligt om sommaren.

Vill man ha honung på bröd åt barn och tjänstefolk så är den både hälsosam och begärlig. Honung och smör har varit av stor vikt här på orten och av lika värde. Men om tjänstefolket får smör på ett stycke bröd och honung på ett annat så får man se vilket som är begärligast.
Ett skålpund honung och smör till lika vikt är lika dryga till sovel, men om honung gagnade mer och erkänns som bättre köp, månne den fattige sucka över det?

Men om en hushållare vill ta en kanna vatten och röra i mjöl sedan vattnet är uppkokt så att det därav blir en tunn gröt och däri hälla 1 a ½ kanna honung och sedan låter det stå tills det hårdnar, så smakar det som ren honung. Det motsvarar lite mer än en ½ kanna honung, men erhålls till ringare pris än smör. Lika drygt som 1 helt pund smör i hushållet sedan det blivit utbrett.

Men att sälja slik uppblandad honung som fullgod vara strider mot sjunde budordet. Det är också lätt att avslöja detta bedrägeri om man löser det i vatten för då samlar sig mjölet i botten. Att nyttja den som sovel på bröd eller att använda den i eget hushåll är ej synd.

Honung är därför en vara som väl går åt i hushållet och blir säkert avyttrad. Eftersom det ena året ej är lika givande som det andra, kan honungen utan att surna eller ta skada med fördel förvaras det ena året till det andra. Härvid erinras om att honung är mycket genomträngande och bör således hysas uti väl glaserade lerkrukor, i brist på glaskärl.

§. 7. Ojämn vinning under åren.

Att avgöra hur mycket en bikupa årligen ger i vinst är nog svårt, ty det förhåller sig mycket olika. Det kan ske att en kupa utan skada ett år ger 4 svärmar, den första kan till hösten hysa 4 a 5 marker vax om man ej gör som i föregående Capitel om Colonier, utan de tänks som till ren slakt. Den andra svärmen, även 3 Lispund honung och 3 marker vax; den tredje blir till duktig påläggare och svärmare till nästa år och värderas till åtminstone 48 Daler koppar mynt. Den fjärde blir till skattning nästa år. Enligt Capitel 7 och varderas till 5 40 Daler kopparmynt. Gamla kupan är då till hösten lika god som den var våren innan. 7 marker vax räknas till 1 Daler/markern

Vax	7 Daler
Honung	42
Tredje o fjärde svärmen	26
Summa på ett år	75 Daler S:mt

Detta har jag fått av en kupa, även i år som varit mindre fördelaktig för bina. Men alla har inte varit lika framgångsrika. Det kan hända att det ett år vankas mindre honung och vax och färre svärmar, vilket man får stå ut med. Inkomsten kan vara mycket olika år från år. Vanligen svärmar en kupa två gånger, vilket är bäst.

§. 8 Att hitta bisamhällen i skogen.

Det kan hända att någon som ej har bin och vet att ingen har bin på några mils avstånd ifrån honom, men gärna skulle vilja ha bin; att han råkar finna några bin i sin trädgård och drar slutsatsen, i synnerhet om de visar sig i större antal, att en bisvärm fattat stånd och befinner sig något nära i skog eller äng. Man önskar då veta var en dylik har sitt tillhåll. Därför anser jag det vara min skyldighet att här ge råd om hur en sådan kan finnas.

Man sätter ut honung uti något kärl, där bina brukar hålla sig så att de må komma till honom. Observera honungen måste vara något tunn. När bina fått vana dit oroas de ej. Man ser då efter vart de flyga ut, men låter honungen stå. Finns de långt borta, kommer de bittida om morgonen och föröka sitt följe. Därpå sätter man honungen i en låda, i vars lock är gjort ett litet skottbräde. Honungen beströs med lagom tjockt gräs eller strå så att bina ej smeta eller dränka sig.

När nu bina till något antal infinner sig på dagen, stänger man locket och ett annat kärl sätts istället med honungen öppen. Man tar nu lådan i vilken bina är och går ett stycke väg åt det hållet som bina flyger. Man öppnar då lite på skottbrädet så att ett bi får flyga ut och ger noga akt på vart det flyger. Observera att det då först flyger 1 a 2 varv i luften för att se var det är, därpå flyger det *linea recta* till sin hemvist. När man gått ett stycke och sett efter att det ej kan ha sitt bo i närheten, släpper man ut ett nytt bi på samma sätt, vilket man också följer efter o.s.v.

Skulle man gått förbi eller vid sidan av binas hemvist så visar nästa bi man släpper ut åt vilket håll man skall gå till dess man finner boet.

Skulle någon å eller något vatten hindra en att komma fram och det utsläppta biet flyger över det, sedan det gjort sina ringlar i luften och bina i lådan börjar tryta, går man hem efter det andra kärlet. I det har säkert fler bin gått in. Detta tar man med sig till andra sidan vattnet och fortsätter som förut till dess man funnit boet.

När man funnit det, handlar man efter lag B, Bl, XXI, Missg. Bl. XLII. §. 4. Item här Capitel 1. §. 2. Not. 73.

§. 9. Att fånga bin i träd.

Det beror på belägenheten och var och ens försiktighet hur man tar bin i träd. En ung svärm har tunt och svagt skott och en gammal har starkt Cap. 1. §. 2. Not. 29; 37; 50.

§.10. Åtgärder inför vintern.

Om sena hösten i slutet av November, när bina sätta sig i vinterkvarter, lämnar man på kvällen till de svagare kuporna en halmbotten som det är hål i se Skissen Lit. P. När kupan är satt där sätter man henne på en krants som skall stå på dess förra botten. Övriga kupan med flustret överstrykes med koträck, även underbotten och krantsen, endast flustret på krantsen står öppet. Detta har sin förmån som står i Cap. 1. §. 2 Not. 56; 57.

Om man kan göra detta på flera kupor lönar det mödan.

§.11. Om plantering av sälg och pil till bina.

Att plantera salix, pil och sälg, på ägorna bidrar mycket till binas fördel med sina hanblomster.

Jag hade här tänkt anföra mer om plantering av biväxter, men den vida berömlige och Naturkunnige Prov. Med. Herr doctor Joh. Otto Hagström i Lindkjöping har lindrat och kortat mitt arbete genom sin mycket väl utarbetade *Pan Apum*, som han nyligen till skänks översänt.

Samme Herr Doctor har genom detta sitt både nöjsamma och gagneliga arbete, vilket har kommit ut i år, inte endast visat sin djupa insikt i Botaniken och vidden av dess nytta utan också gjort sig förtjänt av allmänhetens både tack och heder.

Cap. 9, Att ta tillvara honung och vax.

§. 1. Hur honungen uttages och skiljes från vaxet.

När man skurit ur honungskakorna som är beskrivet i Cap. 7 och väl undanröjt alla bina, lägger man alla vaxkakorna i ett rent kärl och medan det fortfarande är ljumt, kramar man ur den ena kakan efter den andra med rena händer. Man kramar ej på sidorna utan på mellanbotten av vaxkakorna varigenom honungen lätt rinner ut. Ju nyare skott desto lättare går detta.

När man väl fått ur honungen lägger man vaxkaorna i ett kärl för sig själv. Sedan silas honungen genom ett lagom glest kläde eller därtill gjord påse av enkel väv, så att vaxet skiljs av. Litet ljumt vatten gjuts på honungen som efter några dagar skummas av med en sked eller avsilas på skum. När detta skett är honungen tillräckligt ren och ingen lär klaga att den är både klar och vaxfri.

§. 2. Hur sedan honung uttages med varmt vatten.

Man håller sedan hett vatten på de i §. 1 nämnda vaxbollarna. Detta får stå en stund varpå man med rena händer tar upp vaxet löser upp det och rör om. Sedan håller man det i en påse så det silas och kramas ur. Detta honungsvatten duger till mjöd och till matlagning, i synnerhet att koka nypon i, vilket används till kallskål som dricka och flera kokade sylter.

§. 3. Honung som runnit ur självt är bättre.

Några anser att de ej blir någon god honung om den inte runnit ur själv ur sitt skott i såll eller fat, men härvid är mitt tänkesätt och mening denna: Jag har ej funnit annat än att den honung som blivit rätt urkramad blivit även så god om inte bättre än den som blivit värmd i ugn utan kramande och runnit ur av sig själv eftersom:

1. den urkramade blir lika vaxfri som den andra, viken hanterats i ugn, där inte ens hälften rinner ur och vars rester ändå måste kramas ur för hand eller slås i påse.

2. Om honungen ställs ut i solens sken om dagen, där många bin finns, då kan var och en som vet något om bin räkna ut vad som kommer att hända, nämligen att bina, lika begärliga efter honung som av socker, flyger till detta rov. Det kan hända att de antigen tar allt eller ger sitt liv för de övriga.

3. Det torde vara omöjligt att hantera honung i ugn och låta den rinna ur själv om man har 80 a 100 Lispund, men väl om man efter gammal sed blott har 1 a 1½ Lispund.

4. Vaxet kan ej genom urkramandet, men väl genom värme, svärta honungen eller göra den osmaklig. För övrigt lämnas detta till vars och ens tycke och gottfinnande.

§. 4. Hur honung skall *conserveras.*

Vill någon ha honungen *conserverad* och tunn och klar hela vintern igenom så hyser man den i väl glaserade kärl där det inte är för kallt och där luften ej får verka på den, annars hårdnar den och man kan om vintern skära den som ost eller smör. Men om man sätter den i kista hårdnar den ej mycket.

§. 5. Hur vaxet smältes och silas.

Vaxbollarna lägger man i en kittel för uppkokning i rikligt med vatten och rör väl när det kokar. Det smälta vaxet häller man i en linnepåse, helst entännings väv för att kramas. Man använder här ett hyvlat bräde 2 alnar långt, vilket sättes i vattensån. Man lägger påsen på brädet gnider och pressar hårt med en stark käpp, medan den är varm och så länge det finns något vått däruti som kan pressas.

När vaxet stelnat tar man upp det och smälter det ånyo med lite vatten, sedan silas det i en passande form, utan att lägga det på brädet. När vaxet har stelnat är det färdigt.

Detta är en beskrivning av den biskjötsel som jag själv försökt och som jag förväntar mig kan gagna andra. Den torde vara och anses kort, men kanske tillräcklig.

Skulle här något saknas som borde ha förklarats utförligare, som jag av glömska eller svaghet förgätit och min Läsare upptäcker, och som en vän uti Inrikes tidningarne benådigt det *communicera*, skall jag anse både för min heder och skyldighet att yttra mig därpå så gott jag kan. Behagar också avunden tala må det ske för hans egen heder.

För övrigt tillönskas den benägne Läsaren Guds milda nåd och välsignelse samt lycka till bina.

Ty biet är en liten fågel men ger dock den sötaste frukt: *Syrachs v. 3*

Här följer ett kapitel skrivet 1833 av Wilh. Rein. Leuhusen *Om biskjötseln:*

2. Om Bisvärmningen jämte sättet att intaga svärmar.

Att väl intaga en bisvärm fodrar vana, tålamod och försiktighet. Vanan vinnes med tiden. Tålamod beror av föresats och denna är nödvändig, emedan skyndsamhet ofta är orsaken till en svärms förlust. Försiktighet är en följd av tålamod och beror därav.

Lättheten eller svårigheten att intaga en bisvärm beror förnämligast av stället den sätter sig.

Den sätter sig vanligast i ruskor av gran eller en som man uppställer i bigården under svärmningstiden eller och i buskar, högre träd, gårdesgårdar, kring trädstammar eller andra olämpliga ställen. I förra händelsen är inkupningen lätt verkställd. Sedan man lagat allt i ordning, upptager man varsamt och sakta den ruskan varpå svärmen satt sig, lägger den och svärmen lika varsamt på kupans botten, sätter så kupan löst däröver, samt slutligen täcker alltsammans med ett lakan utbrett på några över kupan i kors lagda störar och det så, att bien likafullt ha frihet att ut- och infllyga efter behag. Svärmen kryper vanligen upp i kupan förr eller senare på dagen och tämligen säkert vid solen nedgång.

Vid denna tid eller förr, om svärmen förr krupit upp, har man härvid ingenting vidare att göra än att, sedan man med mycken försiktighet upplyft kupan, som bör ske väl rätt upp och ned, låta borttaga ruskan och sakta nedsätta kupan på sin botten. Om aftonen sedan bina upphört med att draga, flyttas den till det för svärmarna utsedda läget. Ävenså, om svärmen satt sig i en krusbärsvinbärsbuske eller annan låg buske, förfar man ungefärligen på samma sätt, bottnen kan då likväl ej gärna begagnas, utan man sätter den tomma kupan över svärmen så att inre sidan av kupan vidrör den. Svärmen täckes senan på ovannämnda sätt, då den vanligen kryper upp om natten.

Skulle emellertid den ovanliga händelsen inträffa, att svärmen sitter orörlig och ej kryper upp i kupan varken till eller omkring solens nedgång eller påföljande natt, vidtager man påföljande morgon klockan 6, om väderleken är klar och vacker, detsamma sätt att inkupa den som här nedanför kommer att beskrivas:

I den senare händelsen då svärmen ej sätter sig i de ovan omnämnde ruskor eller buskar, utan på något annat mer eller mindre olämpligt ställe, förfar man på följande sätt. Man gör sig en så beskaffad ställning nära intill svärmen att man därpå kan sätta botten med sin kupa; sedan lägger man kupan upp och nedvänd på bottnen, varefter man med en större slev av silver, tenn eller trä tager av svärmen den största mängden bin där största mängden bin samlat sig och där man bekvämligast kan komma åt, 2 a´3 slevar bin, vilka man varefter annan varsamt avvältra i botten på kupan; bien sprida sig därvid ikring in i kupan, en del flyga bort, men häröver bör man ej bekymra sig, emedan i alla fall en stor del stanna kvar.

Härefter tager man kupan och omvänder henne långsamt, att de bi som äro kvar må hinna fästa sig, nedsätter henne på bottnen, så att ena kanten av kupan vilar på något som upphöjer hennes ena sida från bottnen så att bien ej klämmas samt tillika ha den möjligaste fria ut- och ingång. Om bien härunder krypa ut till större eller mindre del bör också ej detta väcka något bekymmer; de drag sig så småningom åter tillbaka. Nu fortfar man vidare att på ovan beskrivne sätt med största tålamod och försiktighet ösa bi, först med en större slev, så med en mindre och slutligen med en sked allt som biens antal förminskas och vilka man nu avvälter på flusterlappen i det man varje gång varsamt omvänder sleven eller skeden.

Då man slutligen får så lite bi på skeden att de ej kunna avvältas, håller man allenast skeden stödd mot flusterlappen, så de skyndsamt krypa av skeden för att förena sig med de övriga inne i kupan. Nu återstå alltid på stället där svärmen suttit en myckenhet bi som ej kunna ösas; ställningen på vilken kupan satt bör härvid från början vara så gjord, att man nu kan maka kupan men sin botten så nära detta ställe som möjligt är och så nära de bi som ännu äro kvar, att de därifrån kunna krypa på bottnen och in i kupan ; detta är så mycket angelägnare som visen tilläventyrs kunde ännu vara kvar, men varigenom beredes honom tillfälle att även inkomma.

Vid verkställigheten av svärmars intagande bör man noga taga sig till vara att ej skada något enda bi; det kunde möjligen vara själva visen man sålunda förlorade och då intet bisamhälle, ingen bisvärm kan existera utan vise, finner man huru högst angelägen denna försiktighet är. Under hela den ovan beskrivna förrättningen ser man både med nöje och kanske med förundran huru bien, avvälta eller avsläppta på flusterlappen alla med skyndsamhet taga sin väg in i kupan; denna likstämmighet att taga samma väg förklaras likväl lätteligen på så sätt, att svärmens dån och brusande inne i kupan draga dem dit.

Om en svärm sätter sig på en mindre gren av ett träd och denna gren utan skada kan avsågas, verkställer man varsamt denna avsågning, varefter svärmen lättast intages på det först beskrivna sättet.

För övrigt skulle man kanhända vid svärmars intagande kunna anta som grundsats att varest en svärm än må sätta sig, om man blott kan av den ösa 2 á 3 slevar in i kupan på sätt ovanföre nämnt är, och sedan utan vidare omväg sätta kupan i beröring med kvarblivna delen av svärmen, skall alltid denna del förena sig med de bi som redan äro inne i kupan och sålunda inkupningen på detta sätt utan vidare omvägar kunna verkställas. Tillfälligheter hindra ofta en lycklig bisvärmning såsom:

Då svärmen snart övergiver sitt fattade stånd och flyger tillbaka in i kupan varifrån den kommit ut.

Då svärmar som komma på en gång eller nära efter varandra slå sig tillsammans.

Då svärm som utflyger delar sig och samlas på flera särskilda ställen.

Då svärm efter att ha varit några timmar eller och en eller flera dagar inne i sin nya boning åter begiver sig ut.

Då svärm genast eller senare bortflyger.
En svärm som sedan den fattat stånd och blivit samlad, efter en stund så småningom börja skingra sig och flyga åter till den kupan därur den kommit är utan vise. Visen har då antingen ej kommit med ur svärmkupan eller och under svärmningen blivit skild från svärmen. I förra händelsen utkommer svärmen ånyo första vackra dag som därefter inträffar, i den senare ej.

Som en följd härav bliver det nödvändigt att Man under svärmningen noga och överallt granskar smärre bisamlingar, i synnerhet då de synas på marken; sådana små bisamlingar, 6 á 8 bi på ett ställe kunna ofta ha visen i följe.

Exempel: En god svärm satte sig i ett äppelträd, samlades väl, men började om en stund så småningom flyga åter till svärmkupan; jag ögnade genast efter små bisamlingar och fann snart en sådan på sandgången nära svärmen; där var verkligen visen omgiven som vanligen av några bi; den hämtades genast upp på ett lövblad och släpptes till svärmen: Det var märkbart eller snarare underbart att se huru svärmen, då visen kommit dit i samma stund och nästan som på en given signal upphörde att flyga åter till svärmkupan.

Svärmar som på en gång utflyga ur sina svärmkupor kunna svårligen hindras att sammanflyga, så framt man ej är närvarande vid svärmningens början och så besörjer, att den ena svärmen hindras att utkomma till dess att den andra väl satt sig och blivit täckt. Jag har dock ej varit i tillfälle att härmed göra försök och kan således ej besanna framgången härav; men om allenast den ena svärmen kommer så lång stund före den nästföljande, att den väl hinner sätta och samla sig, hindrar man den efterkommande att med den förstnämnda förenas dig, därigenom att man väl täcker denna med ett stort lakan eller vad man kan ha i beredskap.

Om svärmarna äro små får man väl att låta dem förena sig. Att söka åtskilja två svärmar som slagit tillsamman låter sig ej verkställas.

Om en svärm som utflyger, delar sig och samlas på flera ställen, har den vanligen förlorat sin vise och återflyger således snart till svärmkupan. Det är likväl ej utan exempel att visen finnes i någondera bisamlingen och kan man således försöka att inkupa den ena efter den andra, men sällan lyckas detta försök.

Om en svärm som överger sin nya boning även sedan den byggt 2 á 3 kakor, finner den antingen ej rätt ren eller och för stor, tillfölje härav bör man då ej mera intag en sådan svärm i samma kupa vari den första gången blivit inkupad, utan begagna en annan så ren som möjligt och passande efter svärmens storlek, hellre för liten än för stor, vilket man sedermera om man så nödigt finner kan förändra med att undersätta en högre eller lägre krans.

De tvenne största fel man kan begå vid svärmars inkupning är också att ej ha sina kupor och bottnar fullkomligen rena, samt att ej välja kupor passande till svärmens storlek; i båda fallen övergiver den merendels sin boning. Vi sky orenlighet och elak lukt och likasom misströsta att kunna fullbygga ett för stort rum. En svärm bör kunna fylla minst hälften av sin nya boning om ej denna skall anses för stor.

Svärmar kunna svårligen hindras från att bortflyga då de därtill hava böjelse; man kan dock försöka att kasta sand eller spruta vatten på dem innan de hinna i höjden eller ock med skott skrämma dem att stanna.

Våra förfäders sätt att då bien svärmade ringa i mortlar och slå på gamla spjäll är längesedan avlagt; men troligen ägde detta bruk någon grund i den kanhända ej oriktiga mening att svärmarna därigenom ville skrämmas att kvarstanna.

Att en återfinna en bortflugen svärm lyckas sällan; likväl då de gemenligen flyga i rak linje kan man i samma direktion följa efter ett stycke väg, i synnerhet om någon skog eller skogsbacke snart möter; de flyga dock ofta halv mil och därutöver och sådant fall är naturligtvis all möda fåfäng.

3. Strödda ej hithörande anmärkningar

Av väderleken beror huvudsakligen biens lyckliga svärmning; de fodra under denna tid lugn, värme och sol, varförutan ingen svärm vågar sig ut. Fortfar en otjänlig väderlek utan uppehåll i 12 till 14 dagar, anse bien sommaren förliden och som en följd härav döda sina överflödiga visar utdragna på flusterlappen.

Att gnida och smörja kuporna invändigt med Älggräs (Spirea Ulmarina) och honung, då svärmar däri skola intagas, kan någon gång vara nyttigt ehuru ej nödvändigt; är kupan ren, fri från elak lukt samt lagom stor, stannar svärmen vanligen säkrast kvar; varom icke hjälper ingen slags gnidning eller smetning. Så snart en svärm är väl inkupad kan den genast flyttas till det för svärmen utsedda rum; i annat fall dröjes härmed till aftonen sedan solen gått ned och bien således upphört med sina utfarter; för en ovan biman är detta senare sätt alltid säkrast.

Svärmarna bör sättas på något avstånd från svärmkuporna, 3 á 4 famnar eller mera; det går visserligen an att sätta dem nära varandra till och med på samma bänk, men någon gång förvillas bien härav, inflyga i varandras kupor vilket lätteligen kan urarta till tjuvnad och slagsmål.

Vid svärmars intagande nyttjas bihuvor av den ovane eller rädde; en van biman behöver dem ej, emedan bien under svärmningens tid aldrig äro onda, så framt de ej på något sätt skadas eller förfördelas.

Om solen skiner starkt på en svärm sedan den satt sig brukar man vanligen skugga den för solstrålarna med ett på störar uppsatt lakan, matta eller vad helst som kan ge skugga. Man påstår att svärmar snarare bortflyga då solstrålarna få obehindrat verka på dem, erfarenheten har dock ej fullkomligt avgjort detta förhållande.

Några brukar bestänka en svärm med vatten, i den förmodan att den så ej bortflyger, ävensom, att den därigenom lättare låter sig inkupa sig. Utan att bestrida detta förhållande har erfarenheten ej bestyrkt det.

4. Om biens skötsel under svärmningstiden

Denna tid är för en biman av mycket intresse, den bestämmer till stor del biskötselns framgång och därför bör man i synnerhet fästa stor uppmärksamhet vid denna delen härav. Man har under denna tid följande omständigheter att iakttaga:

a. Att uppsätta ruskor i bigården i ändamål att svärmarna däri skola sätta sig.
b. Att noga bevaka svärmarnas ankomst
c. Att kransa svärmkuporna då bien hänga klumptals under flusterlappen eller uppkrypa i myckenhet under halmhatten varmed kupan är betäckt.
d. Att kransa svärmkuporna sedan de svärmat två gånger.
e. Att kransa kupor som ej svärma.

f. Att kransa svärmar då de väl full byggt sin nya boning.

g. Att intaga och förena två eller flera svaga svärmar.

Så snart svärmtiden nalkas uppsättes i bigården 2 á 3 alnars ruskor av gran på 2 á 3 alnars avstånd framför kuporna; små helt låga dylika ruskor böra och nedsättas ibland de högre. De nedsättes stadigt i jorden, de längre så djupt att de bära svärmen, dock tillika så löst att de med lätthet kunna upptagas. Om barren under tiden torka, böra friska ruskor ditsättas.

Svärmningstiden infaller sällan i Maj merendels i Juni och någon gång i Juli månad, (Roslagen 1833) allt efter årgångarnas beskaffenhet. Man kan ej förutse dagen, än mindre stunden, då en svärmskupa skall svärma; när drönare börja visa sig är dagen ej långt borta och då bien till myckenhet samla sig på flusterlappen är den ännu närmare, men som nämnt är, inga säkra kännetecken gives, som utmärka dagen eller timmen. Då visarna i synnerhet mot natten höras låta inne i svärmkupan och som man påstår då mana varandra att svärma, kan man likväl vara tämligen säker att följande vackra dag ur en sådan kupa få en svärm, men visarna höras likväl aldrig förr än sedan kupan givit första svärmen.

Emellertid är det från den dag drönare börja visa sig, eller då bien samla sig till myckenhet på flusterlappen och fläkta med vingarna, som man bör låta någon pålitlig person noga akta på svärmarnas ankomst; alla vackra och klara dagar är detta av högsta nödvändighet och ingen minut på dagen från klockan 8 om morgonen till klockan 5 på eftermiddagen bör försummas.

På 10 till 12 minuter kan en svärm vara utflugen och redan fattat stånd i någon buske eller annat mindre synbart ställe, utan att man ens kan misstänka att någon kupa svärmat. Då den sedan får sitta orörd över natten, flyger den vanligen bort följande dag.

Erfarenheten visar att då bien i en svärmkupa börjar samla sig utanför kupan under flusterlappen i hängande klumpar eller uppkrypa skocktals under halmhatten, svärma de ogärna, ävensom att arbetet till stor del både inom- och utomhus då avstannar.

Sådana kupor bör, då mängden av bi utom kupan ökas och de ej inom 3 á 4 dagar svärma, kransas. Härigenom beredes dem tillräckligt rum inne i kupan, dit de också åter begiva sig; arbetet återtager sin vanliga gång och om någon gång en sådan kransning hindrar svärmning, vilket dock ej är att förmoda, är det bättre att de arbeta och ej svärma.

Ännu ett skäl varför sådana kupor då bör kransas är, att om de få bliva sittande utanför kupan på ovan anförda sätt och ej heller svärma som vanligast händer, bliva de med varje dag mer onda och det slutligen till den grad att det nära bliver en omöjlighet sedan att kransa dem.
Svärmkupor lämna sällan flera än 2 goda svärmar, de övriga bliva sena, komma sent och hinna följaktligen ej draga tillräckligt vinterförråd; svärmkupan blir utsvärmad och därigenom försvagad, behåller kvar en för stor mängd drönare, vilka den i tid ej förmår döda, börjar därför sent draga sin vinterföda och ofta blir följden av hela detta förhållande, att kupan utdör förr eller senare innan följande sommar.

Av dessa skäl bör svärmkupor så vitt möjligt är hindras att giva flera än 2 svärmar, och då kransning är det enda kända medel att vinna detta ändamål, bör det nu begagnas. Det bör likväl anmärkas, att detta medel ej är säkert, ty erfarenheten har visat att de detta oaktat svärma; men ofta nog vinner man dock härmed ändamålet.

Kupor som ej svärma och som därjämte äro tunga och fullbyggda, bör innan svärmningstiden är slut kransas; dröjer man längre bliva bien, enligt med vad också längre fram kommer att omtalas så ilskna att kransning svårligen låter sig verkställas.

Svärmar kransas antingen genast efter svärmningen då svärmen är så stor att den alldeles ej eller och med svårighet rymmas i kupan eller också när de ha fullbyggt sin nya boning och därjämte kupans tyngd tillkännagiver att kransning är nödvändig; det vill säga att de ha samlat omkring 2 kannor honung.

Således om också en svärm under en het sommardag lägger sig till myckenhet utom kupan och därigenom synes utvisa att dess boning är för trång, bör i alla fall ej en sådan svärm kransas förr än, som nämnt är tyngden antyder nödvändigheten härav.

Skälet härtill är, att bien bygga hellre än draga honung; således, då rummet tillåter, använda de sin tid på byggnad, men försumma att draga tillräckligt vinterförråd, däremot om trängre boning, vilken snart är fullbyggd, tvingar dem att draga honung; om de då kransas i otid bygga de, men samla ej nog härav, för att kunna leva över vintern.

Åter om svärmen fullbyggt sin boning och där jämte är väl tung, bör den nödvändigt kransas, i annat fall upphör arbetet och någon gång händer att bien övergiva en så beskaffad bostad.

Om oaktat allt bemödande att hindra svärmkupor giva flera än två svärmar, de dock lämna flera, vilka då vanligen äro små och komma in sent, där man intaga 2 á 3 sådana i en kupa; härigenom kunna de möjligen bliva så starka att de oaktat den sena årstiden hinna draga tillräckligt förråd för vintern.

Att förena svärmar sker på flera sätt allt efter deras ankomst och stället de sätta sig. Om tvenne svärmkupor på en och samma gång eller genast efter varandra svärma, låter man slå svärmarna tillsammans, då ingen vidare åtgärd för deras förening är nödvändig.

Ankomma svärmarna på en och samma dag men på olika tider av dagen, flyttar man den redan intagna intill den som senare svärmat och inöser denna tillsamman med den förra, på sätt som om svärmars intagande nämnt är.

Ankomma de på olika dagar, låter man den sist ankomna svärmen sitta orörd till aftonen; sedan bien då slutat sitt arbete för dagen, flyttar man den äldre svärmen till den sist ankomna och så inöser man den. Detta kunde man ock verkställa genast efter den sist ankomna svärmen satt sig, men sådant medför en olägenhet, att de bien som ur den äldre svärmen äro ute på drag och under den tiden komma hem, sakna sin boning, bliva därigenom förvillade, söka därför inkomma på närstående kupor och orsaka därigenom oreda, slagsmål och någon gång tjuvnad; om därför detta senare sätt begagnas, bör det till det minsta ske mycket hastigt.

Vidare, förenas svärmar på det sätt, att om den senast ankomna satt sig på en ruska, tager man ruskan med svärmen och bär den till den, med vilken den skall förenas; sedan man låtit upplyfta dennes kupa, lägger man ruskan med sin svärm på bottnen och nedsätter så kupan på ruskan; den nya svärmen kryper upp snart och förenar sig med den äldre, varefter ruskan borttages..

Om under dessa åtskilliga sätt att förena svärmar, den senare svärmens vise någon gång skulle förkomma, medför detta ingen olägenhet, emedan endera visen alltid av de förenade svärmarna dödas.

Bin som svärmar är friska bin

Bin svärmar för att föröka sig och sprida sina gener. Detta sker vid optimala förhållande vad gäller temperatur, tillgång till nektar och när modersamhället är välutvecklat. Precis som andra varelser har de en tendens att föröka sig mer när de är utsatta för stress, olika faror och hotad överlevnad.

Biodlare idag är inriktade på att kontrollera och förhindra svärmning till vilket pris som helst, antingen för öka honungsskörden eller för att inte störa grannar. Jag har länge misstänkt att mer än ett sekels alltmer ökande ingrepp i bins grundläggande naturliga funktioner haft en motsatt negativ verkan på våra bins hälsa. I den här artikeln behandlar jag binas reproduktion i en naturlig miljö för att se hur den gynnar ett samhälle och jämför detta med följderna av svärmförhindrande åtgärder.

Förberedelse för svärmning

Under våren utvecklas samhället snabbt, snabb utökning av yngel och arbetsbin och snabb uppbyggnad av honungsförråd. Yngelklotets temperatur hålls vid en temperatur mellan 35-36 grader, vilket är optimalt för att friska yngel. I slutet av april eller i början av maj (i Sverige senare) kan samhället nå ett sådant välstånd att det kan svärma.

Många biodlare gör tidiga inspektioner i syfte att förhindra svärmning ofta vid temperaturer så låga som 11 grader. Detta regelbundna öppnande av kupan bryter upp vax och tätningar med propolis, släpper ut värme och flyktiga ämnen och stör tusentals arbetsbin i deras sysslor. Det resulterar i ett stressat samhälle, som tvingas att göra onödigt arbete och återställa temperaturen. Denna nedkylning av ynglet kan orsaka europeisk yngelröta. (EFB) Den lägre temperaturen gynnar *Varroa,* vars optimala temperatur ligger på 33 grader. Att hålla en temperatur runt 35-36 grader motverkar alltså utvecklingen av *Varroa.*

Varroa och andra sjukdomsframkallande organismer utvecklas i utmattade och försvagade samhällen. För att hålla dem vid liv använder biodlare kemiska medel. Dessa ämnen, även organiska som syror och tymol, är giftiga och skadlig även för bin.

Ett samhälle kommer att föda upp så många drönare som det anser nödvändigt. Ofta betraktar biodlare drönare som improduktiva honungskonsumenter. De använder också drönaryngel som varroafällor. Denna reduktion i drönarpopulationen har en negativ inverkan på den genetiska bredden vid drottningens befruktning. Det förbrukar också en avsevärd mängd honung eftersom samhället strävar att ersätta dessa nödvändiga drönare.

En bisvärm måste finna en ny bostad, bygga vaxkakor, fylla dem med nektar och föda upp nytt yngel. Detta kräver bin av olika åldrar och utvecklingstadier och kommer inte att innehålla många gamla dragbin. En konstgjord svärm eller paketbin som ju i huvudsak skiljts från ambin och yngel riskerar att ha endast gamla utslitna bin när det nya ynglet kläcks och kräver omvårdnad.

Samhället drar upp ett antal drottningceller i särskilt konstruerade runda celler. Dessa ges en speciell omvårdnad. De besöks 10 gånger så ofta som celler med arbetsbin under det 3-5 dagar långa larvstadiet för att garantera en optimal utveckling av drottningynglet, vilket kommer att väga dubbelt så mycket som arbetsbiet. Drottningar som odlas artificiellt får mindre näring och omvårdnad.

I ett samhälle som inte utsatts för stress är överlevnads procenten så låg som 33%, i en stressad 53% från ägg till utvecklad drottning. Samhället tycks rensa ut undermåliga drottningar under deras utveckling. Hur vet vi vid konstgjord drottningodling att vi valt de bästa äggen? Hur stor är sannolikheten att de utvecklas till undermåliga drottningar vilket leder till drottninglösa eller svaga samhällen.

Svärmen

När den lämnar kupan liksom rinner den ut och cirklar runt i den närliggande omgivningen innan den sätter sig i en buske, en stolpe eller ett träd, etc. Hundratals dragbin blir ”scouter” och letar efter en passande bostad. De vet instinktivt hur den bör se ut. När de funnit något återvänder de och informerar svärmen med en bidans. När svärmen övervägt kvaliteten på olika danser och kontrollerat, når de så småningom enighet. Scoutbina visar sedan vägen till det nya hemmet. Denna process: rekognosering, utbyte av information och gemensamt beslutsfattande är en viktig del i samhällets metabolism, beslutsfattande och intelligensutveckling. Den nya bostaden ligger förmodligen 3-500 meter från moderkupan.

Detta minskar konkurrensen om dragen samtidigt som risken för smittspridning via röveri och felflygning avtar. I.Fries och Camazine hävdar att överföring av smitta mellan samhällen vid svärmning (vertikal överföring) resulterar i en godartad utveckling av förhållandet mellan värd och parasit. Horisontell överföring av smitta däremot genom felflygning, röveri och manipulerande med ramar, ger en våldsammare utveckling. Stora bigårdar och delning av samhällen för utökning gynnar smittspridning.

Uppbyggnad av den nya bostaden

Väl på plats ser bina till att det blir dragfritt genom att täta med propolis, de börjar vaxbygget och de börjar samla nektar. Allt detta är nödvändigt innan yngelproduktionen kan börja. Ett antibakteriellt och svamphämmande lager propolis täcker snart bostaden. Temperaturer upp till 40 grader behövs för att kunna bygga vaxkakor och 35-36 grader behövs så småningom för yngeluppdragningen. Svärmen kommer att vara utan yngel under denna första period. Varroa kommer inte att ha några täckta yngelceller att gömma sig i och utvecklas. Bina kommer att städa ut dem och de kommer att falla till botten, långt ifrån vaxkakorna.

Medan den nya bostaden byggs upp, förråd samlas och yngelsättningen påbörjas är samhället känsligt för dåligt väder, svaga drag och skadedjur. Seeley hävdar att 75 % av alla svärmar misslyckas. Biodlare reducerar denna utsatthet genom färdiga bostäder, stödfodring, ofta med socker. Socker är en dålig ersättning för näringsrik honung. Yngel uppfödda på dålig näring utvecklas svagt och immunförsvaret försvagas.

Modersamhället

Samhället svärmen utgick från miste sin drottning, ungefär hälften av sina vuxna bin och en del av honungen. Det har fortfarande sina drottningceller, yngel i utveckling, färdigbyggda vaxkakor och god tillgång på förråd. Det är välmående men kommer inte att fortsätta vara det om biodlaren ingriper med delningar etc.

Den första oparade drottningen kan kläckas 8 dagar efter det att svärmen gick. Ytterligare yngel har kläckts. Drottningen behöver tid att ”mogna” och para sig. Hennes äggläggning kanske inte börjar förrän tre till fyra veckor efter det att svärmen gick beroende på väder och vind. En yngelfri period kommer också här att arbeta emot varroans utveckling. Insamlandet av pollen och dragbinas intensitet talar om när yngelsättningen börjat. Regelbunden inspektion av yngelsättningen stör samhället starkt i denna känsliga fas.

Den första drottningen kan vara tvungen att döda sina systrar men om modersamhället är starkt och förutsättningarna goda kan arbetsbina skydda någon oparad drottning och samhället kan skicka iväg en ny svärm för att sprida sina gener.

Under parningsflykten skyddas drottningen av ett "uppvaktande hov" mot fåglar. Stora eskorter garanterar att återfärden lyckas emedan ett litet antal följebin i minisamhällen som vid artificiell drottning odling medför drottningförluster på ca 33 %. Under parningsflykten behövs det en välutvecklad drönare för att para sig med en god drottning. Svaga drottningar kan paras med goda drönare men kan också fångas av svaga drönare och öka chansen för svaga samhällen.

Lokala bin har de genetiska förutsättningarna att klara sig i sitt område. I Storbritannien kan det vara kyligt, fuktigt väder under svärmningssäsongen. Lokala bin klarar detta bättre än importerade bin från varmare länder. Den naturliga parningen med upp till 20 drönare garanterar genetisk mångfald, vilken är nödvändig för artens fortbestånd. Naturen väljer egenskaper som passar just lokala förutsättningar och sjukdomsalstrare. Detta befordras inte nödvändigtvis av biodlares strävan efter produktivitet, svärmförhindrande och överbeskyddande manipulerande.

Efterord

Hela svärmningsprocessen visar en mängd olika områden som påverkas av naturligt urval. Samhällen som överlever svärmningens riskfyllda äventyr blir de starkaste och livsdugligaste. Om vi förkortar detta fundamental beteende minskar vi naturens möjlighet att skapa det bästa urvalet.

Det finns berättelser och vetenskapliga bevis för att vilda bin överlever och samlever med varroa. Det står helt klart för mig att den naturliga svärmningen är en avgörande faktor vad gäller binas överlevnad. Jag tror vi måste överväga hur vi bättre hanterar svärmningen för att ta vara på dess hälsoeffekter. Det kan kanske ske genom att använda svärmfällor, diagnostik utifrån vad som händer på flustret. Det kanske minskar honungsskörden, men det kommer att finnas fler bin. Människan kan leva utan honung men inte utan bin.

John Haverson, Hampshire BKA Artikeln är publicerad i the British Bee Journal (maj 2012):

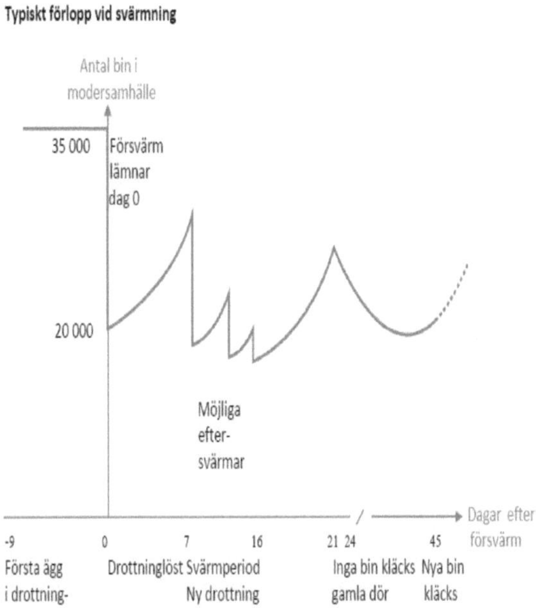

Svärmningens förlopp

Biodynamiska yrkesbiodlare har använt svärmning och enkel delning i snart ett sekel. M. Weiler har gjort en svärmkalender som inspirerat ovanstående diagram.

9 dagar innan försvärmen. Första ägg i drottningcell vid ca 30-35 000bin. Samhället i balans, dödslar = födslar.

Dag 0. Äldsta drottningcellen täcks och utlöser försvärmen. Typisk försvärm har 15-25 000 bin. Försvärmen lämnar mellan kl 9-14 i varmt soligt väder. Försvärmen kan försenas p.g.a. dåligt väder. Gamla drottningen kan lägga ägg ända fram till hon lämnar med försvärmen. Upp till 2000 bin kan kläckas under drottninglösa perioden och kan utlösa eftersvärmar.

Dag 7 efter försvärmen. Ny drottning i modersamhället kläcks och parningsflyger 3-5 dagar därefter.

Dag 7-16 efter försvärmen. Eftersvärmar kan lämna i dåligt väder ända till kl. 6 på kvällen.

Dag 21 efter försvärmen. Sista arbetsbiet efter gamla drottningen kläcks

Dag 24. Ny drottning i modersamhället lägger ägg först när sista drönare efter gamla drottningen kläckts.

Dag 45 kläcks första arbetsbiet från den nya drottningen. Nu börjar återuppbyggnaden inför hösten.

Observera att dagarna räknas fr o m försvärmen. Att den har gått märks tydligt även om man missat den. Att veta när första ägget i drottningcell kläckts är svårare.

Erik Berrevoets delar av kapitel 8 i *Binas visdom*

Den smala fokuseringen på att tillfredsställa ekonomiska målsättningar har fortsatt och resulterat i ännu mer drastiska ingrepp och manipulationer i bisamhällenas naturliga fortplantnings processer. Detta har nått en sådan nivå att biodlare i den konventionella biodlingen vanligtvis ingriper i praktiskt taget varje stadie av binas reproduktionscykel och lämnar mycket lite kvar av naturlig förökning.

Ett bisamhälles förökning består av två processer: nya bisamhällen "föds" genom svärmning, och individuella bin dras fram för att säkra samhällets överlevnad. Svämning inbegriper den etablerade drottningen, arbetsbin och ibland lämnar unga drottningar kupan för att starta ett nytt samhälle någon annanstans. Under perioder då det finns mycket nektar och ett starkt samhälle, börjar arbetsbin att bygga ett antal drottningceller, som drottningen kommer att lägga ägg i. Alldeles innan eller kort efter det att en av de nykläckta drottningarna krupit ut, lämnar drottningen kupan. Beroende på den etablerade drottningens hälsa, blir hon antingen snabbt ersatt av en av nya drottningarna eller blir kvar som en del av det nya samhället. I det gamla samhället är det första den nya drottningen gör, att döda larverna i andra drottningceller och även andra nykläckta drottningar, till dess att hon blir ensam kvar.

Samhällen kan också ersätta en drottning utan att svärma. Detta kallas ”stilla drottningskifte” och inträffar vanligen när den etablerade drottningen inte längre är frisk eller kan lägga befruktade ägg och sålunda riskerar samhällets fortlevnad. Vid sådana tillfällen drar samhället upp en ny drottning för att ersätta den gamla, så att samhället överlever. Om drottningen råkar bli dödad av någon olyckshändelse, kan samhället dra upp en ny drottning av redan lagda ägg ämnade att bli arbetsbin, genom att utvidga deras celler och ge dem extra näring för att snabba på utvecklingen. Vanligen blir en sådana drottning inte så stark som en som fötts upp i en drottningcell. Hon blir en tillfällig lösning och oftast ersatt så snart en drottning kan dras upp på normalt sätt.

Förmågan att svärma ansågs historiskt vara en önskvärd egenskap, eftersom den fick antalet samhällen att öka. Det var särskilt viktigt när skörden innebar att samhället dödades. Efter det att samhällena inte längre behövde förstöras för att skörda honung, har biodlare kommit att betrakta svärmning som mindre önskvärd, eftersom den försvagar samhället genom att det delas i två eller flera samhällen. Både det etablerade och de nya samhällena behöver tid och energi för att bygga upp sin styrka på bekostnad av honungsproduktionen.

En annan nackdel med naturlig reproduktion är att biodlaren inte har någon kontroll över vilka drönare drottningen parar sig med, eftersom parningen sker högt upp i luften. Därför har biodlaren inget inflytande över egenskaperna i det framtida bisamhället.

Vanligen går drottningodling nu för tiden till på följande sätt: Konstgjorda drottningceller, cellkoppar ersätter drottningceller som normalt byggs av bina själva. De tillverkas vanligen i plast med ett djup och diameter på 10 mm och en tjocklek på 1 mm. Sedan fäst dessa viseceller på en odlingsram och lite upplöst drottninggelé placeras i varje kopp tillsammans med ett en dag gammalt ägg som överförs från en arbetsbicell. De omlarvade cellerna fästade vid odlingsramarna placeras i ett cellbyggarsamhälle utan drottning under 24 timmar medan ambin avslutar bygget av de artificiella drottningcellerna och matar larven.

Efter 24 timmar placeras de konstgjorda drottningcellerna i ett ruvningssamhälle i vilket cellerna matas i ungefär tre och en halv dag innan ambin täcker dem. Dessa samhällen har vanligen också fått sin drottning borttagen eller dödad så att bina skall anstränga sig mer för att titta efter de nya drottningcellerna. Under denna period fodras de samhällen som fått omlarvade celler med sockerlösning för att försäkra att bina kan producera tillräckligt med drottninggelé för att kunna mata larverna.

Cellerna kan lämnas i ruvningssamhällena till en dag innan de kryper ut. Alldeles innan placeras de i små samhällen som kallas parningssamhällen, där de nykläckta drottningarna antingen ger sig ut på parningsflykt eller insemineras artificiellt. Detta sker vanligen 3-5 dagar efter att de krupit ut. Drottningarna stannar antingen kvar i parningssamhällena eller sätts in i andra samhällen.

Upptäckten att drottningar kan dras upp från arbetsbiägg och överföras till drottninglösa samhällen, betydde att befruktade drottningar kunde transporteras över långa avstånd. Detta ledde till den nutida industrimetoden att ersätta drottningar varje eller vartannat år, oberoende av deras hälsa eller produktivitet eller det

faktum att drottningars naturliga livslängd är dubbelt så lång. Följden av sådana ingrepp har blivit att så gott som alla drottningar kommer från ägg som varit avsedda att bli arbetsbin, eftersom de flesta biodlare köper sina drottningar från uppfödare.

Förutom konstgjord drottning odling har den smala fokuseringen på genetiken som avgörande faktor för ett bisamhälles egenskaper också lett till utvecklingen av metoder att manipulera befruktnings processen genom att bestämma vilka drönare som skall befrukta drottningen. Några av de egenskaper som ses som önskvärda av konventionella biodlare är hög produktivitet, minimal förbrukning av propolis, minskad svärmning och, nyligen, resistens mot skadedjur och sjukdomar.

Eftersom en drottning ansvarar för halva den genetiska sammansättningen i ett bisamhälle, med andra halvan från de drönare som befruktat henne, föredrar biodlare att välja ut dessa drönare. De kommer från samhällen som har blivit manipulerade att skapa drönare genom att ge dem drönarceller från andra samhällen eller genom att använda vaxmellanväggar omkring 35-40 dagar innan de behövs, för att så nära som möjligt sammanfalla med kläckningen av odlade drottningar.

Så snart sperma har samlats från de utvalda drönarna insemineras drottningen. Innan insemineringen sövs drottningen ned med kolmonoxid, vilket underlättar införandet av sperma med spruta i drottningens fortplantningsorgan. Utan bedövning är processen mycket svårare, eftersom drottningen naturligt är mindre samarbetsvillig. (Laidlaw & Page 1997)

Den nyligen inseminerade drottningen förs över till samhället där den etablerade drottningen har avlägsnats eller dödats för att underlätta acceptansen av den nya drottningen. Om drottningen accepteras börjar samhället visa den nya drottningens- och drönarnas egenskaper efter ungefär 21 dagar, den tid det tar för arbetsbin att utvecklas.

Sammanfattning av artificiell drottning odling

Bortsett från etiska betänkligheter om behandling av djur, tar artificiell biodling föga hänsyn till de komplicerade förhållandena inne i bisamhället. Genom att sätta in en odlad drottning i ett samhälle störs det starka samband naturen inrättar mellan drottningen, arbetsbin och drönare. Det är omöjligt för ett samhälle att etablera denna slags intima relation som inträffar naturligt med en drottning som köpts någon annanstans.

Konventionella biodlare anser att det är samma sak att sätta in en drottning i ett samhälle som att sätta in en mjölkko i en etablerad hjord. Förhållandena bland bin i ett samhälle är mycket mer komplicerade. Drottningen kan mer adekvat liknas vid ett organ från en människa eller ett djur. Att sätta in en drottning i ett bisamhälle kan liknas vid en mindre organtransplantation.

Förutom att störa de intima sammanhangen bland bina, kan den konstgjorda odlingen underminera den långsiktiga vitaliteten hos honungsbiet, eftersom annars icke livsdugliga drottningar kommer att starta samhällen. Under naturliga omständigheter bygger ett samhälle 10-15 drottningceller och efter det att den gamla drottningen svärmat, bildar den drottning som kryper ut först antingen en andra svärm eller om samhället inte är tillräckligt starkt, dödar hon alla de andra drottningarna. Endast den starkaste drottningen överlever sålunda. Drottning odling ingriper i denna process av naturligt urval med okända negativa effekter på lång sikt.

Dagens biodlingsmetoder har fått de flesta biodlare att köpa sina drottningar från uppfödare. Dessa drottningar är uppfödda i en miljö som är olik den i det samhälle de kommer att sättas in i och de kanske inte passar ihop med de lokala förutsättningarna. Denna metod har dessutom minskat den genetiska mångfalden bland bin. Ett litet antal uppfödare förser ett stort antal kommersiella biodlare och dessa senare har mestadels bara två av många underarter: det italienska biet (*Apis mellifera Ligustica*) och kranier biet (*Apis mellifera carnica*). Resultatet är att många ursprungliga arter av bin som hade anpassat sig till de lokala förhållandena har blivit sällsynta och även utrotade. (se tillägg om arter i slutet av detta kapitel)

En väg framåt för biaveln

Uppfödning måste ske i samklang med de naturliga processerna i binas fortplantningscykel och med minimala ingrepp i samhället. De konventionella metoderna som behandlats här visar föga hänsyn till binas naturliga reproduktion. De anser drottningen vara en individuell organism snarare än en integrerad del av samhällets inre sammanhang. Bisamhället betraktas som en slags maskin med drottningen mer som en maskindel. Precis som med andra maskiner, tar de flesta biodlare för givet att genom att ”förbättra en komponent” kommer hela maskinen att bli bättre.

Sådana organismer som ett bisamhälle är större än summan av sina beståndsdelar och kan inte förstås endast genom att studera deras individuella beståndsdelar isolerade. Inte heller kan dessa komponenter manipuleras framgångsrikt utan förstå följderna av dessa för organismens inre sammanhang

Konventionell växtförädling och djuravel betraktar en organisms gener som den huvudsakliga avgörande faktorn för dess egenskaper och utgår från antagandet att organismen bara har en passiv roll i sitt fysiska uttryck. Detta har lett till en smal fokusering på förståelsen och manipuleringen av en organisms genetiska sammansättning för att uttrycka enskilda egenskaper. Den roll som omgivningen spelar när en organisms genetiska sammansättning uttrycker sig och dess evolutionära process har man därför i stort sett bortsett från. En organisms genetiska sammansättning visar endast mångfalden av fysiska möjligheter inom vilken organismen kan uttrycka sig själv. Organismer och arter skapar sig själva utifrån dessa möjligheter genom samspel med omgivningen; de har en aktiv roll i sin egen skapelse och evolutionära utveckling. Ju mer omgivningen återspeglar organismens optimala livsvillkor, desto bättre kan en organisms inre fysiska och andliga potential uttrycka sig.

En naturlig biodling måste göra det möjligt för ett bisamhälle att uttrycka sina inre kvaliteter genom att optimera dess omgivning. Samspelet mellan ett bisamhälle och dess omgivning kan påverkas av biodlings metoder som t.ex. val av kupa. Biavel måste därför vara nära integrerad med biodlarens andra biodlings åtgärder och inte ske isolerat eller utanför den lokala miljön, vilket idag är fallet med drottningar, som sänds över hela världen. Att tillförsäkra bisamhällena en optimal miljö för att kunna uttrycka sina bästa egenskaper innebär en biavel och biodlingsmetoder som är i samklang med binas natur.

Det är viktigt att förstå att de faktorer i omgivningen som man måste ta hänsyn vad gäller utveckling och strategier för biavel, också innefattar sociala och ekonomiska sådana. Förbättringar av ett bisamhälles egenskaper innefattar en kombination av dess i ett sammanhang där dagens sociala och ekonomiska förhållanden inberäknas, vilket kan medföra att vissa egenskaper anses fördelaktiga vid en viss tidpunkt, men inte vid en senare. Vad gäller svärmning t.ex. har biodlare fokuserat på avel på bin som är mindre benägna att svärma, för att öka honungsproduktionen. Den extra honung som producerats genom att förhindra svärmning är emellertid ekonomiskt lönsam endast om kostnaden för aveln och inköp av drottningar, är mindre än merintäkten av den ökade försäljningen av honung. Om, låt oss säga, denna ekonomiska fördel försvinner någon gång i framtiden eller om det inte längre är möjligt att köpa eller skicka drottningar med post, kommer svärmning återigen att anses fördelaktig.

En annan aspekt att ta hänsyn till är att avel på vissa egenskaper minskar arternas genetiska mångfald. Att avla på bin med vissa egenskaper för att passa de ekonomiska målsättningarna under en viss epok, kan leda till att man förlorar andra egenskaper som kan ge fördelar under annorlunda ekonomiska förutsättningar. Att ge bina förutsättningar att anpassa sig till föränderliga ekonomiska-, miljö-, och sociala förhållanden, ökar chansen för deras överlevnad på längre sikt.

Man måste också förstå hur förändringar av en egenskap hos ett samhälle kan påverka andra egenskaper. Att minska driften att svärma, för att använda svärmning igen som exempel, orsakar att bina bygger större samhällen och anstränger sig för att producera mer honung. Större samhällen kan emellertid också orsaka ökad förekomst av skadedjur och sjukdomar, vilket i sin tur hindrar samhället från att samla nektar och pollen. Avel på samhällen som svärmar mindre, är sålunda inte fördelaktig om denna avel inte samtidigt ökar samhällets förmåga att hålla rent och ökar dess motståndskraft mot skadedjur och sjukdomar.

Naturlig reproduktion

Det mest naturliga sättet antalet bisamhällen kan utökas utan att manipulera deras naturliga fortplantningsprocesser, är genom svärmning. Detta återspeglar sig i internationella Demeterregler för biodling (2008), vilka anser att artificiell drottningodlling inte är lämplig och förbjuder avel genom omlarvning och insemination liksom genetiskt modifierade bin. De tillåter emellertid konstgjord svärmning med samhällets befintliga drottning genom att förebygga svärmning samt tillåter en ökning av antalet bisamhällen genom att dela det återstående samhället genom konstgjorda svärmar eller avläggare. Reglerna medger också selektiv avel genom drottningceller som en del av svärmningsinstinkten och att ersätta en gammal drottning genom svärmningsprocessen är därför tillåten för avelsändamål.

Dessa regler som ingriper i samhällets fortplantnings-process har förmodligen tillkommit som ett svar på det faktum att svärmning ofta betraktas som ett elände av biodlare, eftersom det inte alltid är möjligt att fånga en svärm. För biodlare som bor långt ifrån sina kupor, är svärmning ännu mer problematisk. För att kunna behålla bin i situationer där svärmning är olämplig, har det föreslagits, i samklang med de internationella Demeter reglerna, att delning av samhällen görs runt den tid de bygger drottningceller, den tid då de förbereder svärmar naturligt. (Hauk 2008)

Strategin att dela ett samhälle för att förhindra svärmning, ingriper emellertid i samhällets naturliga processer. Om området där bina hålls inte tillåter naturlig reproduktion kan det betyda att området inte är lämpligt för biodling.

Med tanke på svärmningens betydelse för ett bisamhälle, kanske biodlare som inte kan ägna sig åt sina samhällen under denna period skall överväga om de skall hålla på med biodling. Den årstid då djur föder är en utmaning för de flesta som håller djur och det finns relativt få djur som kan lämnas helt åt sig själva under denna tid. Både mjölkkor och fårfarmare måste hålla ett skarpt öga på sina djur under denna tid. Biodlare måste också acceptera att födseln av ett nytt samhälle kräver ett vaksamt öga. En fördel biodlare har är att bisamhällen inte svärmar på natten och i motsats till mjölkbönder är försäkrade en god nattsömn.

Nya alternativ inom biaveln borde utforskas med inriktning på strategier som påverkar ett samhälles beteende vid svärmning. En sådan strategi grundar sig på det faktum att bisamhällen är mer benägna att svärma när de håller på att växa sig för stora för sin kupa. För att befordra svärmning kan man begränsa storleken på kupan genom att lägga till färre kuplådor till de mest produktiva samhällena och därmed uppmuntra dem att svärma. När svämning inträffar kan dessa sedan fångas in och befolka en kupa. De samhällen som är mindre produktiva är mindre benägna att svärma, eftersom de har tillräckligt med utrymme för att förvara pollen och honung.

Infångande av svärm (från Abbé Warré: " *Biodling för alla"*)

Svärmning kan också påverkas i viss utsträckning av faktorer som det är svårare att göra något åt t.ex. nektardrag. För att förhindra en förlust av en svärm, kan biodlare locka svärmar att slå sig ned i svärmfällor. Andra exempel på strategier som kan underlätta infångandet av svärmar är att plantera träd eller buskar nära bigården, från vilka det är lätt att fånga en svärm. Vissa biodlare använder en spegel för att åstadkomma en ljusstråle som distraherar och får svärmen att sätta sig. Andra sprayar vattendimma med en vattenslang med samma syfte.

Strategier för att uppmuntra svärmar att slå sig ned är viktiga för biodlare som respekterar binas natur. Naturlig svämning som strategi att öka antalet samhällen har den fördelen att det minimerar behovet att gynna avel i trakten och inte litar på resurser utifrån genom inköp av drottningar.

Precis som när det gäller kupmodeller som möter bisamhällenas behov, kräver avelsmetoder som står i samklang med naturlig reproduktion, utvecklandet av en rad olika tekniker för att observera och diagnostisera bisamhällenas svärmningsbeteende.

Sammanfattning

Ingenstans är ingreppen och manipuleringen av bisamhällenas naturliga processer så påtagliga som i dagens avels- och föröknings metoder. De visar dessutom tydligt skillnaderna mellan de sätt på vilket konventionell vetenskap och studiet från ett holistiskt perspektiv närmar sig naturen. De effekter de olika vetenskapliga tillvägagångssätten medför sammanfattas i tabellen på nästa sida. Trots det till synes fördelaktiga med konstgjord avel, måste fortplantning göras i samklang med de naturliga reproduktionsprocesserna och med minimala ingrepp i samhällena.

Konventionell biavel visar föga respekt för den visdom med vilken bin har utvecklat sitt sätt att föröka sig. Den konventionella biodlingens fokus ligger huvudsakligen på manipulering av drottningen och hennes genetiska sammansättning snarare än att samverka med relationerna mellan drottningen som en del av samhället och bisamhället som en del i den lokala omgivningen.

Den konventionella biaveln betraktar ett samhälle mer som en maskin än som en levande organism och bortser från den potentiella betydelse en förändring i en del av detta komplexa levande sammanhang kan ha på andra delar och på sambanden i sin helhet. De karaktäristika som organismen ger uttryck för är resultatet av dennas gensvar på den yttre omgivningen. Ju bättre sambanden mellan den yttre omgivningen och organismen matchar varandra desto bättre kan organismen uttrycka alla sina kvaliteter. Biodlare spelar en avgörande roll när det gäller att skapa ett bisamhälles omgivning vid val av biodlingsmetoder.

Ekonomiska, sociala och miljömässiga förhållanden kan ändras och biodlingens strategier måste därför sikta på att ge en art möjligheten att effektivt kunna anpassa sig till dessa förändringar genom att ha en genetisk bredd i bisamhällena själva och i den omgivning de lever i.

Att tillämpa biodlingsmetoder som står i samklang med bisamhällets natur, minimerar ingreppen i en kupa och kräver en utveckling av kunskaper och färdigheter för observation och diagnostik, som kan ge biodlare möjlighet att hantera denna process på ett riktigt sätt. Dessa färdigheter och kunskaper finns inte längre i den konventionella biodling.

Artificiell avel	**Naturligt urval**
Konstgjord avel och odling med metoder från tidigt 1900-tal.	Samhällets naturliga reproduktions processer tillåts.
Biodlaren bestämmer vilka egenskaper som ska prioriteras	Samhället beslutar om det ska föröka sig
Biodlaren bestämmer drönarnas egenskaper	Drottningen bestämmer om hon skall para sig med tillgängliga drönare från olika samhällen.
Biodlaren förhindrar svärmning	Svärmar tillåts
Biodlaren tvingar ägg avsedda att bli arbetsbin att bli drottningar.	Samhället bestämmer tidpunkt och antal nya drottningceller
Biodlaren använder drottningceller i plast	Samhället, drottningen, bestämmer vilka ägg som skall placeras i drottningcellerna
	Drottningsceller byggs av nytt vax till form och storlek som samhället bestämmer
Drottninglarven matas med konstgjort foder	Kvantitet och kvalitet på foder till drottning larver bestäms av samhället

Biodlaren bestämmer vilken drottning som skall bygga upp det nya samhället	Samhället bestämmer vilka drottningar som skall överleva för att bygga nya samhällen eller befintligt

Den biodynamiska odlingens anfader Rudolf Steiner yttrade 1923 om artificiell reproduktion:

Det hela får inte genomföras på ett sätt som är alltför rationellt och affärsmässigt... Vi kommer att se att det som ser ut att vara en utomordentligt gynnsam åtgärd idag och kan tyckas vara bra,..... men att om ett århundrade från idag kommer all uppfödning av bin att upphöra om bara onaturligt framdrivna bin används.

Professor I. Fries, SLU i Ulltuna

"Till skillnad mot av människan riktat avelsarbete, visar historien att angrepp av varroakvalster på de flesta platser antagligen inte utrotar arten Apis Mellifera. De allra flesta bin dör sannolikt om ingen bekämpning sker, men efter något eller några decennier återhämtar sig den spillra bisamhällen som överlevt och kan bygga upp en ny livskraftig population, trots angrepp av varroakvalster. De bin som överlever genom naturligt urval kan ha förlorat för biodling och produktivitet flera önskvärda egenskaper. Vad exemplen emellertid visar är att även våra raser av europeiska bin på sikt kan överleva med varroakvalster utan att dessa måste bekämpas. Problemet är vägen dit. Att utsätta den svenska bipopulationen för ett naturligt urval i detta sammanhang är uteslutet, med de konsekvenser för pollinering i allmänhet och biodlingen i synnerhet, en sådan ansats skulle leda till. Att fortsätta bekämpa kvalster så effektivt att eventuella skillnader i tolerans inte visar sig, leder å andra sidan till att biodlingen allt framgent är hänvisad till att bekämpa varroakvalster. Slutsatsen måste bli att finna en medelväg, en strategi som medger att det går att skilja på bisamhällen med bättre och sämre motståndskraft mot varroakvalster."

David Heaf, författare till *"The Beefriendly Beekeeper"* "som inte lyder under svenska lagar om bekämpning, har inte använt kemiska medel under lång tid. Han rapporterar att detta förhållningssätt blir allt vanligare på kontinenten. Man kan därför undra varifrån prof. Fries får antagandet att *"de flesta bin dör sannolikt om ingen bekämpning sker."* Man kan också fundera över om det verkligen skulle ta *"något eller några decennier"* för bina att återhämta sig. Med nuvarande strategi kan man däremot vara säker på att svensk biodling *"allt framgent är hänvisad till att bekämpa varroakvalster"* med kemiska medel, vilket stressar bina eftersom det slår ut allt mikroliv i kupan, vilket är en del av binas immunförsvar enligt de svenska forskarna Vaquez och Olofsson. Är det helt säkert att det ens finns ett *"allt framgent"?* I delar av Kina har de dött ut.

Att tämja vårt allsmäktiga Varroakvalster

Några tankar om att **samleva** med Varroa

Kefyn M. Catley

Jag är professor I Biologi vid Universitet I Western Carolina där jag bl.a. undervisar om spindlar och andra leddjurs evolutionära biologi. Jag är också en biodlare som närmar mig Varroaproblemet från en något annorlunda utgångspunkt, vilket jag skulle vilja delge er i den här artikeln.

Som barn växte jag upp i Wales. Jag kommer tydligt ihåg hur jag snappade upp allt jag hörde

om biodling, eftersom biblioteksböcker i ämnet var få. Jag kommer livligt ihåg den spänning jag kände då jag för första gången träffade en riktig biodlare. Jag tillbringade all tid jag kunde i hans bigård; jag var helt fängslad av hans makt över bina och var helt förförd av all hans utrustning. För att uppmuntra mig gav han mig en gammal rostig rökpust som jag vårdade ömt. Tanken att skaffa bin i en villaträdgård i förorten var inte något mina föräldrar gillade. "Bina skulle sticka alla till döds”. Det var först många år senare på 80-talet i Wales som jag skaffade mina första bin. Sedan dess har jag inte bott någonstans tillräckligt länge förrän 2007 då jag flyttade till västra North Carolina.

Naturligtvis dröjde det inte länge förrän *Varroa destructor* dök upp i mitt medvetande, ett namn som inte ens fanns i mitt lexikon 1980. Jag gick en biodlarkurs hos Buncombe biodlarförening för att förnya mina kunskaper och först då förstod jag hur stor vikt som lades vid bekämpandet av varroa ”allas fiende nummer 1” inom rådande biodlarmetoder. Men jag blev lättad när jag hörde talas om den ökande skara särskilt här uppe i bergen, som såg värdet av att tillämpa vad som kallas ”naturlig biodling”, i brist på en bättre term. Den ”filosofin” är tillräckligt bred för att omfatta ett stort antal metoder alltifrån dem som avhåller sig från starka kemiska preparat

men är bekväma med mjukare eller ”naturliga” medel baserade på flyktiga oljor, puder socker etc. till dem som ”låter naturen ha sin gång” och undviker alla former av behandling. Jag tillhör den senare kategorin och avsikten med den här artikeln är att förse dig med tillräcklig vetenskaplig grund som stöd för mina val och för att ge dig möjlighet att göra egna medvetna val i din biodling.

Kommer jag att förlora mina bin om jag inte behandlar? Ja, en hel del; att ibland förlora stora mängder är en oundviklig följd av att göra urval, selektera för att få ett bättre kvalster och bättre bin. Förluster måste ingå i planeringen. Medan fokus de senaste 10 åren legat på att få varroaresistenta bin (New Minesota Hygienics, Ryska, SMR, VSH, har faktiskt ingen reflekterat över möjligheten att selektera för ett bättre kvalster. Med bättre menas här ett mindre aggressivt kvalster. Det finns dock två arbeten med tvingande bevisföring som hävdar att icke behandling kommer att resultera i mindre aggressiva kvalster och bättre anpassade bin. Tom Seeleys

Arnot Forest studie (NY) 2006 som inte fick den uppmärksamhet den förtjänade och det empiriska experimentet i det fördolda i Öst Afrika under 1997- 2009 som Frazier et al. Rapporterad om 2009. Jag återkommer till dessa senare.

Vad säger vetenskapen om detta sätt att närma sig problematiken? Kvalster, Varroa eller andra slag av kvalster kommer alltid följa bin. (ectoparasiter) De är alldeles särskilt anpassade för denna uppgift. Med det beteende och särskilt de välutvecklade sociala mönster bina har kommer en del sorts kvalster alltid att utnyttja de nästan perfekta förutsättningar som finns för att skydda, föda och fortplanta sig. I denna process kommer även virus att utnyttja kvalstrens sätt att föda sig och följa med i överföringen från bi till bi och samhälle till samhälle. Virus utgör ett annat allt viktigare spörsmål och är avgörande för biodlaren. Men även virus är beroende av naturlig selektion och utvecklas under samma betingelser.

Först och främst behöver vi som biodlare förstå kvalstrens natur och funktion i allmänhet. När jag undervisar i biologi på universitetet ställer jag frågan till studenterna: " Är kvalster det ultimata, fullkomliga spindeldjuret eller t.o.m. det ultimata djuret?" De är hursomhelst en av de mest utvecklade och var bland de första landdjuren. De äldsta kända fynden av kvalster är från Devon för 365 millioner år sedan. Honungsbiet är som jämförelse kanske bara 10 millioner gammalt. Med 40 000 kända och kanske mer än en million totalt är kvalster den största av de tolv arterna spindeldjur. (de andra innefattar spindlar, skorpion-

er, tusenfotingar etc.) De är även de viktigaste både ur medicinsk och ekonomisk synvinkel.

Det finns knappast någon värd kvalster inte har använt sig av. Jag kan inte komma på någon just nu: de som lever i jord, färskvatten, i sjöar och hav, öknar, heta källor, din madrass och även på dina ögonlock, på Antarktis, där endast de och en annan djurgrupp överhuvudtaget kan leva. Kvalster kan leva på växter, vara parasiter eller asätare. De som lever på ryggradsdjurs hår eller blod för ofta sjukdomsalstrande organismer med sig som spiralformade bakterie som medför feber eller borrelia liknade sjukdomar. Andra fästingar, sandloppor, sängkvalster kan medföra t.ex. skabb. De flesta är dock fritt levande och påträffas i stora mängder i jord, växtavfall och även i vatten. Utan dessa fritt levande jordkvalster, som är avgörande för god jordmån, skulle det inte finnas några växter för bina att hämta nektar från!

För att få lite perspektiv på detta uppskattar Howard Ensign Evans i sin bok *Life on a little Known Planet* att på ett tunnland engelsk betesmark finns 66 300 000 kvalster (mest hornkvalster) **Slutbudskapet vad gäller kvalster är att de är en del av den ofantliga armen av leddjur som håller planeten levande. De ska ingenstans, går inte att utrota, oavsett hur många ton pesticider vi sprutar på dem så det är bäst att vänja oss vid kvalster och hitta lösningar så att vi kan leva tillsammans.**

Som biodlare finns bara en hållbar möjlighet att leva tillsammans med dem och det är att skapa bästa möjliga förutsättningar för naturlig selektion. Varroa är en ektoparasit som lever på biets lymfa eller blod och inte en parasitoid som t.ex. parasitstekeln vars larver livnär sig på större larver och alltid dödar sin värd. Varroa har genom evolutionen utvecklats till att inte döda sitt värddjur. Om den ges lite tid och rätt förutsättningar kommer den att bli relativt godartad, vilket har visat sig i Sydost Afrika. Alla typer av behandling skadar helhetssystemet och fördröjer eller helt förhindrar processen som leder till balans. Det är en kortsiktig, ej hållbar åtgärd som skapar ett pesticidresistent kvalster och skadar bina allvarligt. Naturligtvis går pesticidproducenterna hur långt som helst för att övertyga oss om värdet av deras produkter, men vetenskapen och de senaste praktiska rönen pekar åt motsatt håll.

Det är viktigt att förstå att västvärldens honungsbi *Apis mellifera* inte är *Varroa destructors* naturliga värddjur. Varroan kommer från Asien där den parasiterar *Apis cerana.* Eftersom *Apis cerana* och Varroan har utvecklats tillsammans över en mycket lång period är deras relation stabil och biet har sällan några bekymmer med parasiten. Först när samhällen med *Apis mellifera* infördes i Asien och ett värdskifte skedde, blev det tydlligt hur förödande kvalstret kunde vara. Detta skifte skedde inte omedelbbart utan kan ha tagit 50- 100 år (Webster&Delaplane 2001). Det är ett typiskt mönster att när en smittförande parasit byter värd så blir den oerhört elakartad eftersom den nya värden inte har hunnit utveckla något naturligt försvar eller strategi. Vad vi måste sträva efter är att *Varroa destructor* blir en relativt godartad ektoparasit även på *Apis mellifera*.

Vi behöver också bli medvetna om grundläggande fakta som gäller för att en hållbar relation skall uppstå mellan bi och kvalster. Naturlig selektion är en rad processer genom vilka vissa ärftliga drag gör det möjligt för en organism att överleva och föröka sig framgångsrikt och bli allt vanligare och permanenta i en population. Detta är en förutsättning för evolution. Det kräver tre förutsättningar: **a** tillräcklig genetisk bredd i populationen; **b** tvingande krav orsakad av någon faktor i omgivningen; **c** tillräckligt lång tidsperiod och när det gäller ömsesidig evolution av parasit/värd tillräckligt stor samvaro dem emellan, vilket ju är fallet mellan *Apis mellifera* och *Varroa.*

Som biodlare kan vi uppfylla alla tre kraven. Det kritiska är att upprätthålla en tillräckligt bred genetisk mångfald i vår bigård. Detta kan inte ske genom att köpa drottningar från en rad drottning odlare som själva avlar på minskad genetisk bredd, vilket normalt är fallet. För att få tvingande krav från omgivningen till selektion måste parasit/värd leva tillräckligt länge tillsammans och då får man inte bidra till resistenta kvalster och försämrade bin genom att använda kemisk behandling av något slag, att undvika horisontell överföring genom t.ex. avläggare eller för tätt satta kupor. (Det allra bästa är att tillämpa naturlig reproduktion genom svärmning. Författarens tolkning)

Vad säger nu vetenskapen om detta förfarande? Det är signifikant att det nästan inte finns någonting i vanlig biodlings litteratur och bara ett verklighets anknutet forskningsunderlag vad jag kunnat hitta. Tom Seeley rapporterade 2006 att vildbisamhällen som var väl etablerade i Arnot Forest åtminstone sedan 1978 drabbades av Varroa . Intressant nog steg kvalster populationen inte till slutet av sommaren. För att testa om Arnot Forest bin själva kunde pressa ner kvalster förekomsten och därigenom visa på kvalsterresistens blev samhällen med dessa bin och New World Carniolans inympade med kvalster från en bigård. Kvalstrens tillväxttakt jämfördes och ingen skillnad upptäcktes mellan de två samhällstyperna. Detta visar tydligt på att den stabila relation mellan bi och kvalster man funnit i Arnot Forest bin återspeglar en anpassning hos kvalstret till mindre aggressivitet och inte tvärtom binas anpassning till resistens.

Fakta som stöder Arnot Forest kvalstrens stabila anpassning är övertygande. Bin som sköts i en vanlig bigård däremot utsätts för såväl mer svår kontrollerad horisontell överföring från vandrande bin från andra samhällen som kontrollerbar överföring genom t.ex. avläggare. Jag känner bara till Tom Seeley som experimenterar med kvalstrens anpassning med samma bi/kvalster population i en bigård under kontrollerade former och med särskilda skötselprotokoll.

I en nyligen utkommen forskningsrapport Frazier et al. (2010) undersökte de ett sort antal samhällen med *Apis mellifera capensis* och *Apis mellifera scutellata* i vitt spridda områden i Östafrika. Nästan alla hade Varroakvalster. 1997 när Varroa kom till Sydafrika blev det till en början en snabb minskning av inhemska bin de första sju åren. Östafrikanska biodlare däremot var inte ens medvetna om deras närvaro, när de intervjuades, inte heller hade de märkt några tecken på sämre överlevnad eller produktionsnedgång.

Författarna rapporterar (sid 463): ”Fortfarande 12 år efter kvalstrets uppdykande tycks både Apis mellifera capensis och Apis mellifera scutellata såväl vilda som i bigårdar uppvisa toleransnivåer som har minskat kvalstrens förekomst till obetydliga nivåer enligt Allsopp (2006). Han utgår ifrån att det ökade hygieniska beteendet och att ingen kemisk behandling förekommit hos biodlarna delvis är orsaken till denna tolerans.” Eftersom det inte rapporterades att kvalster hade selekterats för mindre aggresivitet *per se,* stöder data hypotesen att stabila relationer mellan bi/kvalster hade utvecklats på bara 12 år med en kombination av ökad varroaresistens och minskad aggresivitet hos varroa. **Men framförallt var orsaken att inga kemiska behandlingar hade förekommit.**

Så vad betyder det för ditt sätt att sköta bin? Bakomliggande begrepp kommer från teorierna om viral utveckling vilka har visat sig hålla vad gäller en rad sjukdomsalstrare och parasiter och egentligen är ganska enkel. Om man strävar efter att ha samma arvsanlag hos kvalstren permanent hos bina säger teorin att kvalstren kommer att bli allt mindre aggressiva, virulenta, oavsett hur stor resistens bina kan komma att utveckla under processen. Den processen kallas vertikal överföring. Tom Seeley (sid 20) beskriver det så här: ”

Viral teori visar på att vertikal överföring, i vilken parasiter överförs från värd till avkomma, befrämjar utvecklingen av icke aggressiva parasiter eftersom reproduktionen är kopplad till deras värd." Med andra ord, om värddjurets reproduktion allvarligt förhindras eller försämras kommer kvalstrens reproduktion också att påverkas i samma riktning. Deras gener kommer att vandra vidare till nästa och följande generationer på så sätt att efter en tid kommer hela populationen att röra sig mot en mindre aggressiv och stabilare bi-kvalster relation. Seeley (Sid 20) konstaterar: " Det finns starka indikationer på att en balanserad värddjur/parasit relation har utvecklats, där både värd och parasit överlever, hos isolerade populationer som lever i vilt eller vildliknande förhållanden på åtskilliga ställen." Detta förutsätter naturligtvis att väldigt lite vandring förekommit mellan samhällena som skulle leda till att den andra typen av överföring – horisontell överföring. Beträffande denna typ av överföring säger Seeley (sid 19): " Viral teori hävdar att horisontell överföring, eller smittförande överföring mellan värddjur, befordrar utveckling av aggressiva kvalster genom att gynna dem som starkt förökar sig hos det aktuella samhället innan de flyttar vidare till ett nytt samhälle. "(Evald,1983; Bull,1994) Som biodlare använder vi biodlingsmetoder som innefattar kemisk behandling av varroa, ställer kupor för tätt, vilket uppmuntrar till vandring mellan kupor och röveri, överföring av yngelkakor mellan kupor och förhindrar svärmning, vilket gynnar horisontell överföring och i och med det mer aggressiva kvalster.

Alternativa metoder som vi borde överväga att använda är: börja med kvalster toleranta bin, maximera den genetiska mångfalden bland våra drottningar, göra avläggare på sommaren och minimera horisontell överföring. Sommar avläggare är en bra metod, men blanda inte ramar från olika kupor, även om det innebär smärre avläggare. Vad beträffar inskränkandet av antalet drönare på olika sätt finns inget tydligt svar. Sunt förnuft och teorierna om naturlig selektion säger att detta förfarande borde gynna kvalster som förökar sig i arbetsbiceller, men det finns inga säkra vetenskapliga bevis för det.

Slutligen beträffande den kemiska behandlingen med acaricider är Fraziers rapporter (2008) deprimerande läsning om de skador de orsakar bina, särskilt Coumaphos, ett organiskt fosfat, och Fluvalinate, en syntetiskt pyretroid. När vi vidare tänker på det överflöd av pesticider, herbicider och fungicider som bina tar med sig tillbaka till kuporna från omgivningen med de stora hittills okända synergi effekter i sina olika kombinationer, är det ett mirakel att honungsbin kan existera överhuvudtaget. Denna miljöstress som vi människor ålagt dem i kombination med att antalet honungsbigener för immunförsvar t.ex. är 66% färre jämfört med t.ex. fruktflugor *Drosophila* och myggor *Anopheles,* är ytterligt alarmerande.

Den här artikeln är skriven i första hand för hobbyodlare men egentligen är den verkliga frågan hur kommersiella biodlare kan undvika ekorrhjulet med gifter och ändå kunna leva på sin biodling. Även om många kommersiella biodlare är positivt inställda finns det inget enkelt svar. Endast en övergång till skötselmetoder som förväntar sig och planerar för förluster är möjlig. Dessa är, visar data, inte större igenom snitt än den ihållande trend över de senaste fem åren på ungefär 30% hos biodlare från alla läger.

För att sammanfatta, min avsikt är inte att göra dig till en "kvalsternörd" utan att överväga en attitydförändring beträffande kvalster och "sköta" dem på så sätt att det gynnar stabila relationer till deras värddjur. Slutsatsen är att det är lönlöst att försöka utrota Varroa. Så vad har vi för val? Obekräftade bevis från min egen bigård och icke behandlande vänner visar på att efter tre år med förluster (ibland svåra efter år två och tre) stabilisera sig samhällena. Om man lägger sig till med de vertikala överförings regler som förespråkas här kan denna tid kanske kortas ned. Gör en kalkyl, kan du stå ut med de ofrånkomliga förlusterna i början. Med dåligt väder och oförutsägbara nektarförekomster är biodling hursomhelst inte någon exakt vetenskap men det finns saker vi kan göra för att jämna marken, för att etablera stabila relationer mellan bin och kvalstren eller åtminstone använda metoder som inte motverkar att detta långsiktiga mål blir verklighet. (Översättning Stefan Breitholtz)

A. Einstein: *Världen är alldeles för farlig att leva i, inte på grund av de människor som gör det onda, utan på grund av de människor som står bredvid och låter dem göra det.*

Att uppnå balans mellan bin och varroa

Av Gareth John

Ett modernare sätt att hantera bin, genom att sluta behandla med kemiska medel, kan tvärtemot dagens synsätt reducera varroafrekvensen i ett samhälle och öka dess tolerans mot varroa, hävdar Gareth John.

Naturlig utveckling av tolerans

När en sjukdom eller ett skadedjur får fäste i ett samhälle är de initiala förlusterna höga. De kan uppgå till 90 %. Ett dramatiskt exempel på detta är när de spanska erövrarna förde in de europeiska sjukdomarna i Sydamerika. Hela samhällen blev utrotade. Så småningom uppstår emellertid en balans och sjukdomen eller skadedjuret finner en jämviktspunkt med sin värd. Ju mindre ingrepp systemet utsätts för desto snabbare kommer denna balans att uppnås.

Det största hindret för att utveckla varroatolerans är intensiva biodlingsmetoder, varroakontroll inberäknat. Alltsedan den fördes in i västvärlden har biodlare använt olika metoder för att utrota den i sina samhällen och därmed förhindrat det naturliga urval som är nödvändigt för en anpassning mot varroatolerans, motståndskraft hos bin eller minskad aggressivitet hos medföljande virus. (1)

Eftersom honung förväntas ha ett lågt pris är det förståeligt att de vars inkomster är beroende av att kunna sälja billig honung, väljer att behandla. Detta gäller särskilt som den agrokemiska industrin lovar magiska lösningar och predikar: behandla eller försvinn. Vi vet nu att det inte finns några magiska lösningar utan resultatet en ständig kapplöpning mellan varroa och kemisk behandling. Detta ger intäkter till den agrokemiska industrin men fördröjer att en hållbar balans uppstår.

Ett försök till minimerad behandling

Jag började som biodlare många år innan varroan kom till Storbritannien och gav upp när den kom. Jag började på nytt 15 år senare. Jag antog då att tillräcklig tid hade passerat för att en varroatolerans skulle ha uppstått. Med det menar jag inte att den skulle vara ett nytt fenomen, snarare att tidigare befintliga men inte uttryckta mekanismer åter hade blivit aktiva på grund av trycket på bina. En mängd egenskaper finns dolda i den genetiska koden förutom de som är synliga. En detaljerad beskrivning av detta finns i ”Arrival of the Fittest: Solving Evolution´s Greatest Puzzle” av Andreas Wagner, Oneworld Publications. En sådan tolerans skulle naturligtvis döljas av regelbunden behandling. Därför började jag räkna dagligt varroanedfall när jag åter tog upp min biodling. Jag skulle endast behandla om det blev absolut nödvändigt och då endast till ett minimum. Om mina bin uppnått någon tolerans skulle detta förhoppningsvis visa sig.Jag utformade mina varroaberäkningar efter en metod publicerad av Stephan Martin, som då var knuten till NBU (NationalBeeUnit) (2). När resultatet visades grafiskt kunde jag se samhällets tillväxtkurva. Jag kunde också se den punkt när varroatillväxten inte följde binas tillväxtkurva. Jag använde detta som utlösande faktor för behandling istället för det behandlings schema som rekommenderats av NBU. Jag behandlade då med flyktiga oljor efter eget recept för att minimera dosen. Resultatet blev ca 90 % effektivitet och frekvensen föll dramatiskt i behandlade kupor. Jag märkte emellertid att samhällena ofta bytte ut sina drottningar. De gjorde det flera gånger per säsong och så småningom hade de ingen parad drottning kvar till hösten. Bigården kunde med andra ord inte behålla antalet samhällen intakt. Fastän varroafrekvensen var under kontroll insåg jag att läget inte var hållbart i längden. **Att sluta behandla** I sinom tid kom det ögonblick då jag kunde. Jag träffade Ron Hoskins som deltog i Swindon Bee Projekt. Jag erfor att han slutade behandla på grund av upprepade drottningförluster! Eftersom detta gjorde situationen ohållbar i hans bigård, kunde det inte gå sämre om han slutade behandla. Den vetenskapliga litteraturen innehöll också rapporter om att bina skadades vid behandling, flyktiga oljor som tymol inberäknat. Jag drog slutsatsen att den enda hållbara vägen framåt var att följa Rons råd. Jag slutade behandla och tog in svärmar från vilda samhällen eftersom dessa redan hade gått igenom en behandlingsfri fas. Samtidigt beslöt jag att sluta med all nedfallsberäkning. Jag litade inte på min föresats att inte behandla om jag skulle se en kraftig uppgång. Dessutom hade ju min tidigare metod med små dagliga kontroller visat sig vara effektivare än en stor genomgripande. Jag har under de senaste fyra åren inte behandlat eller gjort någon drönarutskärning i något av mina runt 20 kupor. Jag mister långt färre samhällen idag än för fyra år sedan på grund av drottningförluster. Jag förlorar relativt få på grund av varroasis. Mina förluster är i regel färre än vad biodlare med kemiska medel har. Detta är erfarenheter som liknar de som andra icke behandlande biodlare har, åtminstone där data har samlats in som jämför behandling och icke behandling. Som ett exempel kan nämnas data insamlade i ett Walesiskt biodlings distrikt som visar att under fyra år fram till 2014 var genomsnittet vinterförluster i icke behandlade samhällen exakt 25 % lägre. Underlaget var anmärkningsvärt stort och motsvarade över 1000 samhällen Vad som är ännu mer anmärkningsvärt är att under studiens gång tillkom ständigt nya kupor utan behandling som mättes och icke behandlade samhällen utgjorde under sista året ca 80 %. Detta visar att icke behandling håller på att slå igenom.

Gwynedd beekeepers winter losses surveys 2010-2015

Winter	Survey responders	Colonies reported	Treated Colonies	Treated % loss	Not treated Colonies	Not treated % loss
2010-2011	14	71	44	27	27	11
2011-2012[1]	40	355	180	8	175	7
2012-2013[2]	53	251	75	41	176	32
2013-2014[3]	65	396	81	9	315	6
2014-2015[3]	77	500	97	8	403	8
			477 (Total)	**19** (Average)	**1096** (Total)	**13** (Average)

1. Hudson, C., Results of 2011-2012 Winter Losses Survey. *The Welsh Beekeeper* No.179, Winter 2012, 18-19.
2. Hudson, C. & Hudson S. Results of 2012-2013 Winter Losses Survey. *The Welsh Beekeeper* No.182, Autumn, 2013, 38-40.
3. Hudson, C. & Hudson S. Results of 2013-2014 Winter Losses Survey. *The Welsh Beekeeper* No.185, Summer 2014, 25-29.
4. Hudson, C. & Hudson S. Results of 2014-2015 Winter Losses Survey. *The Welsh Beekeeper* No.189, Summer 2015, 8-12.

http://ow.ly/LvhjS

Efter att ha slutat behandla mina egna kupor har antalet samhällen ständigt ökat. I rak motsats till förhållandena när jag upphörde med min biodling 15 år tidigare är den stora frågan inte längre hur jag skall lyckas behålla samma antal kupor utan hur jag skall hålla tillbaks ökningen till ett antal jag klarar av att sköta. Det verkar som bina har tillräcklig varroatolerans inte bara för att överleva utan även för expansion. Ett flertal kupor är extremt livskraftiga och klarar av att kasta stora svärmar. En stark förmåga till reproduktion är när allt kommer omkring ett klart tecken på god anpassning.

Några få samhällen utvecklas svagt men det måste man acceptera i alla bigårdar. Förr slog jag ihop svaga samhällen om de annars var fria från sjukdomar. Jag fann emellertid att de sällan klarade av påföljande vinter och därför gör jag inte längre så. Att hålla svaga samhällen under armarna är inte förenligt med principen om naturens urval.

Svärmning vs delning

Alla mina drottningar är naturligt uppfödda genom svärmning eller genom stilla drottningskifte och parade i det fria. Jag använder inte delningar eftersom de inte ger något avbrott i yngelsättningen, vilket ju är en del av strategin för varroatolerans. Dessutom är avläggare en form av horisontell propagation (jämförbart med att ta sticklingar från plantor) istället för vertikal propagation (riktig reproduktion). Detta har potentiellt en viktig betydelse för vitaliteten hos både varroa och medföljande virus.

Vad gäller honungsbin kan horisontell smitta ske antingen mellan samhällen eller mellan enskilda bin inom ett samhälle. Vertikal smitta inträffar vid reproduktion....på samhällsnivån alltså från modersamhället till svärmarna. Om vertikal överföring är den huvudsakliga vägen smitta sprids kan det förutsägas att ett mindre elakartat förhållande utvecklas mellan parasit och värddjur, eftersom sjukdomsalstrare är beroende av värddjurets förökning.

Med andra ord, om varroa eller dess virus dödar bina innan svärmen lyfter dör de själva ut tillsammans med bina. Om däremot biodlaren regelbundet gör delningar, avläggare, spelar det ingen roll om moder samhället dör ut. Varroa och viruset kommer överleva, leva vidare i avläggarna. Det betyder ingenting att ungefär en tredjedel av alla kvalster finns kvar i yngelcellerna. Svärmen lämnar dem bakom sig. Detta sker naturligtvis inte vid delning.

Betydelsen av drönare och vilda samhällen

I början befarade jag att lokala drönare från icke toleranta samhällen skulle ”späda ut” mina bins toleranta egenskaper. Det har visat sig att så inte blivit fallet. Antingen är toleranta drottningar kapabla att välja toleranta drönare, kanske via lukt, eller finns det tillräckligt många toleranta drönare i grannskapet för att upprätthålla en acceptabel tolerans i mina samhällen. Det faktum att mina nuvarande kupor alla startade som lokala svärmar tyder på att det finns gott om toleranta drönare i närheten men det utesluter inte att drottningens urval har en viss betydelse.

Toleranta drönare kan komma från vilda bin eller från någon biodlares kupor. De senare kan vara behandlade men detta hindrar inte att de kan ha åtminstone några positiva egenskaper vad gäller varroatolerans, som funnits i det fördolda under behandlingarna. Det är kanske är onödigt att säga att drönarutskärning eliminerar potentiellt toleranta drönare med resten.

Trots att vi har invaggats i tron att det inte finns några vilda honungsbin kvar i Storbritannien är det i mina hemtrakter svårt att hitta en by där det inte finns sådana som bor under tak, i håligheter i väggar eller träd. Många har funnits där i åratal. Vi har fått höra att sådana samhällen regelbundet dör ut och ersätts av svärmar. Det samma har sagts om samhällen som icke behandlande biodlare håller. Vad gäller de biodlare jag känner borde de märkt om de dött ut. De håller sina bin under ständig bevakning.

Möjliga mekanismer för tolerans

Vi läser allt som oftast att ett så kallat hygieniskt beteende hos bina är nyckeln till varroatollerans. Detta innebär de avtäcker cellen och avlägsnar ynglet som smittats. Jag tvivlar inte på att detta är ett viktigt kännetecken på toleranta samhällen. Dessutom är det inte ovanligt att se säsongens första hög med drönaryngel utslängda från obehandlade kupor. Dessa yngel visar tecken på både infektioner från varroa och virus som orsakar deformerade vingar. Nästkommande hög utslängda drönare innehåller ofta friska opåverkade sådana. Så man undrar om ett komplext beteende med naturlig drönarutskärning och allmänt hygieniskt beteende föreligger.

Förutom städbeteende och utrensning av yngel är några av de andra involverande faktorerna fysiologiska på yngelnivå och andra förmodligen på hela samhällets nivå.(4) Bortsett från svärmning kan faktorer som rör hela samhället gälla förmåga att kontrollera temperatur, fuktighet, koldioxidhalt, organiska flyktiga ämnen och stressnivåer.

Det finns de som är övertygade om att små celler, d.v.s. yngelceller som är mindre än 5mm, är nyckeln till tolerans. Om man emellertid läser den vetenskapliga litteraturen är effekten av små celler enbart inte belagd. Och det gäller egentligen för flera av de faktorer som nämnts här, samt några till, att när de testas isolerat är resultaten tvetydiga. Jag drar därför slutsatsen att varroatolerans inte är en ”en-faktor mekanism” utan ett komplext set av beteenden och fysiologiskt inbördes inverkan som sker på individnivå, på samhällsnivå, i växelverkan mellan bi och varroa och inte minst också mellan bin och de virus varroan för med sig. Ett exempel på denna växelverkan har nämnts med begrepp som horisontell och vertikal överföring där den förra potentiellt medför livskraftigare sjukdomsalstring. I samband med detta vet vi att det förekommer olika former av virus som orsakar deformerade vingar. Åtminstone ett av dem utvecklar sig mycket snabbare än de övriga. Är det så att horisontell överföring av virus via ständiga delningar, avläggare, uppmuntrar en utveckling av det kraftfullare viruset? Omvänt skulle en smitta från en virussort med långsammare tillväxttakt gynnas genom svärmning? Detta skulle i så fall tillsammans med avbrott i yngelproduktionen kunna hjälpa bin att förhindra en invasion av virus?

Slutsatser.

Vi har inga fullständiga svar på dessa och andra frågor omkring varroa. Detta oavsett är budskapet jag uppfattar i allt detta att varje gång jag ingriper i en kupa stör jag potentiellt ett högst komplext och subtilt balanserat system. För att ge bina så stor frihet som möjligt att kontrollera sin inre miljö, använder jag inte öppen nätbotten. Jag minns fortfarande en kommentar av en yrkesbiodlare och tidigare statlig inspektör: "Varroa är ett problem på grund av stressade bin" och jag stimulerar därför inte bina till yngelsättning utan låter allt ske enligt årstidens rytm. Bina förökar sig genom svärmar som jag sedan samlar in hellre än att göra avläggare.

Som hobbybiodlare har jag friheten och möjligheten att kunna experimentera. De av oss som har den friheten bör använda sig av den och låta bina visa oss ett sätt att komma till rätta med varroa med sina naturliga försvarsmekanismer. Mycket tyder på att den jämvikt, balans, jag nämnde i början av artikeln inte är avlägsen.

Översättning Stefan Breitholtz

Professor Ingemar Fries, SLU :

Superorganismen fortplantar sig genom att dela på sig (svärmning)

Svärmning är alltså nödvändig för artens överlevnad och biodling komplicerar saker genom att förhindra just svärmning.

Alla sjukdomar som drabbar bin kan överföras via vuxna bin. Det finns två sätt för en patogen att sprida sig: vertikal överföring från generation till generation och horisontell överföring mellan individer inom samma generation. Patogener som sprider sig horisontellt inom t ex ett bisamhälle sprider sig på ett aggressivt-/viru-lent sätt och brukar leda till stor dödlighet medan vertikal spridning inte normallt leder till dödlighet. Felflykt och röveri är de naturligaste metoderna för spridning av horisontella sjukdomar.

Sådant förekommer bland vilda bin men inom biodling ser vi mer felflykt och röveri samt överföring via byte av ramar. Horisontell överföring förekommer mest inom biodling med allvarliga konsekvenser medan vilda bin drabbas mer sällan eftersom vertikal överföring sällan leder till dödlighet.

Människans avel av husdjur har reducerat den biologiska variationen med risk för att förlora den naturliga resistensen hos djuret.

Genetisk variation är extra viktig för just honungsbiet. Det största problemet är just biodlingen. Vi biodlare väljer de anlag som passar oss i stället för att gynna genetisk variation. Vi vill ju ha särskilda sorter som inte svärmar och är kakfasta men genom att göra det försvagar vi våra bin. Som tur är har vi fortfarande vilda bin. Tambin har mycket mer sjukdomar än vilda.

Broder Adam Buckfastbiets skapare:

"Det råder inget tvivel om att svärmning förser oss med de bäst uppfödda och bäst utvecklade drottningarna, ty när ett samhälle förbereder sig att svärma, har det nått en optimal naturlig utveckling såväl som välstånd i alla avseenden".

Trumning ur "Halmkupeskötsel"
Axel Lundgren 1914

Bislakten detta oekonomiska, snuskiga förfaringssätt och onyttiga djurplågeri bör ej förekomma i den nutida halmkupe-skötseln.........För att avvinna en halmkupa dess honung använder man sig av trummning eller drivning.

Trummning av bin verkställes omedelbart efter slutat drag och verkställes sålunda: ......Trummning kan ske när som helst under en vacker dag men sker bäst mitt på dagen då så många bin som möjligt äro ute och flyga. Att man har en rökapparat säger sig självt då just en lämplig portion rök är binas piska. .... Med den tända rökapparaten går man till kupan och väntar därefter några ögonblick. Därefter gives en ny portion rök och man klappar (trummar) på kupan. Nu låter man kupan stå ytterligar 5 till 6 minuter varunder man sakta klappar på den med korta avbrott samt giver en portion rök då och då. Efter ca 10 min. hava bina mättat sig och antaga svärmton, kupan bändes från sin botten under det att rökapparaten är i ordning att giva bina en pust om de vilja rusa fram. Denna preparering är mycket nödvändig och beskriv-ningen avviker från läroböckers och tidningars med den påfölljd att ***alla*** *kunna trumma bin.*

Kupan vändes nu upp och ner i en hink, låda, tunna eller annat passande underlag varefter en tom kupa ställes över. Med ett par grova märlor eller spikar fästes dess ena kant vid den undre på den sidan där kakgatorna gå i vinkel mot väggen. Den övre kupans fria sida lyftes upp och kupan hålles i sned ställning av ett par träspjälor om en fots längd i vilka insalgits ett par spikar en i vardera ändan. Dessa spikar intryckas stadigt i halmen. I regel hava nu bina själva börjat marschera uuuuupp i den övre, innan man hunnit få allt i ordning. Detta är "öppen trummning" Författaren avråder på det kraftigaste att använda sluten trummning, ty då vet man aldrig när bina marscherat upp och man är färdig. Att tro att bina är ondsintare vid öppen trummning är en villfarelse. Nu trummar med korta mellanrum på den undre kupan så pass kraftigt att kakorna skaka men ej så hårt att de brista. Om kupan vändes så att solen skiner i den gå bina lättare upp och skulle de allt för trögt kan ta ur proppen och bläsa in lite rök genom topphålet. Proppen urtages ej genast fär att bina ej skola börja marschen ned genom topphålet....

*När nu bina marscherat upp ställes trumsvärmen på sin gamla plats och sitt gamla fluster. Så att utevarande bin kunna taga in på vanligt ställe. ...... Nu skall omedelbart den avtrummade kupan tömmas från sitt vaxbygge vilket bör ske inomhus för ynglets skull. (*och avdödas då de innehåller varroa. Min anmärkning*)*

Stefan Breitholtz tidigare böcker:

Sophia och Bina	**Barnbok**
Diagnos vid Flustret	
Evolution och Revolution inom Biodling	

Den Bivänlige Biodlaren	**David Heaf**
Den hängande Bikupan	**Günther Mancke**
Binas Visom	**Erik Berrevoet**
Natural Beekeeping med Warré kupan	**David Heaf**
Biodling för Alla	**Emile Warré**

Bra hemsidor:

www.bee-friendly.co.uk/

www.superbiodling.se/

https://www.thewarrestore.com/

https://www.naturalbeekeepingtrust.org/

https://linnesrashult.se

Här köper du mina böcker:

https://www.bod.se/bokshop/catalogsearch/result/?q=biodling.